LA CAVE
DES APICULTEURS

PAR

LE R. P. BABAZ

DE LA COMPAGNIE DE JÉSUS

VILLEFRANCHE

Imprimerie et Lithographie mécaniques de L. PINET.

Tous droits réservés.

LA CAVE

DES APICULTEURS

PAR

LE R. P. BABAZ

DE LA COMPAGNIE DE JÉSUS

Je réunis pour la commodité des lecteurs les lettres que j'ai publiées récemment dans les *Etudes Religieuses* sur un point important d'apiculture. Les apiculteurs ne seront pas fâchés sans doute de pouvoir répéter les expériences que j'indique, et constater par eux-mêmes les avantages de la *Cave*. *Nourrir les abeilles à volonté, parfumer le miel, recueillir le meilleur de la contrée qu'on habite, avancer l'essaimage, sauver les ruches les plus pauvres, les essaims les plus tardifs*, me semblent en effet des problèmes assez intéressants pour mériter qu'on s'en occupe, et qu'on voie s'ils sont résolus.

Quelques-uns trouveront peut-être que j'arrive un peu tard pour eux, et que si la la *Cave* eut paru un an plus tôt, ils n'auraient pas, comme aujourd'hui, la douleur d'avoir perdu leurs ruches et de se trouver sans

abeilles en présence de la plus magnifique
saison qui fut jamais. Mais si ces confrères
malheureux n'obtiennent ici que de stériles
condoléances pour le passé, ils y trouveront
du moins pour l'avenir. un remède efficace
contre le retour de pareils maux. Les splen-
deurs de 1868 venant immédiatement après
les désastres de 1867, ne sont pas le dernier
contraste que nous verrons en apiculture.
Heureux s'il nous persuade que pour jouir
de ses abeilles dans les bonnes années, il
faut les secourir efficacement dans les mauvaises. Il nous aura. dans ce cas , beaucoup
plus profité que nui.

15 juillet 1868.

PREMIÈRE LETTRE.

Mongré, 1er janvier 1868.

Mon révérend Père,[1]

Le bon accueil que vous avez fait à mes *Araignées*[2], et l'espèce de célébrité qu'elles doivent à votre excellente Revue, m'engagent à vous adresser encore quelques expériences que j'ai faites l'été dernier, et qui me semblent offrir, pour des connaisseurs, l'intérêt de la nouveauté, avec un caractère d'utilité pratique très-prononcé.

Il s'agit, cette fois, des abeilles, d'un procédé que j'ai imaginé pour les nourrir en grand, et des tentatives que j'ai faites pour en tirer du miel au *rhum*, à la *vanille*, etc., à volonté. Projet ambitieux, sans doute ; mais qu'on me pardonnera facilement, s'il n'est pas chimérique.

[1] Le R. P. Ch. Daniel, directeur des *Etudes religieuses*.

[2] Le vol des araignées... (Mémoire présenté à l'Académie des Sciences).

I

MANIÈRE EXPÉDITIVE DE NOURRIR LES ABEILLES.

Tous les apiculteurs expérimentés savent que le principal ennemi des abeilles, c'est la famine [1] ; et que, si on pouvait les soustraire aux ravages presque périodiques de ce terrible fléau, elles sauraient bien elles-mêmes se débarrasser de tous les autres.

Malheureusement il n'est pas rare de voir des pluies, des sécheresses, et autres intempéries prolongées, empêcher leurs travaux et amener pour elles une de ces famines désastreuses, qui en tuent un grand nombre, dévastent les ruchers, et font en quelques jours plus de vides que n'en pourront combler des années d'abondance et de prospérité. C'est la grande tribulation des apiculteurs, le sujet de tous leurs mécomptes, et la cause pour laquelle un art si attrayant et si utile fait, en somme, plus de désappointés que d'heureux [2].

Le pis est que le fléau ne s'abat pas seule-

(1) *Amissis... apibus morboque fameque* (Virg. *Georg.* IV.)

(2) Quelques-unes de mes assertions étonneront peut-être les apiculteurs placés dans des conditions exceptionnellement favorables. Mais qu'ils veuillent bien se rappeler que, quand on écrit, on doit moins se préoccuper des privilégiés que du commun des mortels.

ment sur les vieilles ruches, mais surtout, et de préférence, sur les jeunes, qui sont la portion la plus active et la plus laborieuse d'un rucher; mais qui n'ayant bien souvent, avant l'hiver, ni le temps ni la facilité d'amasser des provisions suffisantes, périssent de faim durant cette cruelle saison, souvent même à la veille du printemps, et jusque sur le seuil de ces beaux jours, que leur juvénile ardeur s'apprêtait à si bien employer.

Que de victimes, par exemple, n'a pas faites la triste année 1867 ! Jamais peut-être l'essaimage n'avait été plus florissant qu'au mois de mai 1866; mais les pluies, les froids prématurés de l'automne, ayant empêché les travaux, toutes, ou presque toutes ces jeunes colonies périrent pendant l'hiver, ou pendant les interminables pluies du printemps 1867. C'est donc par millions qu'il faut compter les ruches soustraites ainsi fréquemment à la fortune publique.

Atteint moi-même comme les autres par le fléau, et voyant déjà le nombre de mes ruches, réduit de vingt-cinq à onze, je résolus d'y mettre un terme, et d'arrêter à tout prix cette désolante mortalité.

C'était au mois de juin 1867. Après trois

mois de pluies continuelles, le beau temps
était revenu; quatre ou cinq de mes ruches
en avaient profité pour essaimer, et reporter
leur nombre définitif à seize ; mais toutes
étaient fort légères, quelques-unes même
n'avaient pas pour huit jours de vivres ; et la
plus grande partie des foins étant coupés, il
ne leur restait plus, dans ce pays, d'espérance
sérieuse avant les blés noirs d'automne, encore
fort éloignés. Il fallait donc ou se résigner à
les nourrir, ou les voir périr encore en grand
nombre. J'optai pour le premier parti.

Je n'avais pas attendu, il est vrai, jusque-là
pour les assister tant bien que mal, du moins
les plus nécessiteuses, et leur donner, *à domicile*, ces secours presque insignifiants qu'en-
seignent tous les *Traités d'Apiculture* : augets,
sirops, miel introduit péniblement dans les
ruches, je n'avais rien négligé. Mais outre que
ces procédés sont tous fort incommodes, d'une
application difficile, dangereuse même, ils sont
encore plus inefficaces, bons tout au plus à
prolonger l'agonie d'une ruche expirante,
mais nullement à la nourrir, et surtout à lui
faire attendre, forte et vigoureuse, le retour
d'une floraison encore éloignée. Tout en ap-
pliquant donc provisoirement les vieux pro-

cédés, je ruminais en moi-même les éléments d'un appareil nouveau, plus commode et plus efficace, plus expéditif surtout, et où je ne me proposais rien moins, pour le dire en passant, que de ressusciter le printemps, et de dédommager mes abeilles, par une floraison artificielle, de toutes les richesses qu'elles n'avaient pu butiner faute de soleil.

Ce magique instrument une fois découvert, je me hâtai de l'appliquer ; et dès la première année, voici les beaux résultats qu'il m'a donnés.

Du 1er juin au 1er août (deux mois pendant lesquels il a fonctionné plus régulièrement), j'ai pu servir à mes abeilles plus de douze hectolitres de nectar artificiel ! J'aurais pu facilement, si j'avais voulu, leur en servir cinq ou six fois autant. Et pour conclusion, tandisque les autres apiculteurs mes voisins (probablement aussi ceux des autres pays), tremblent pour le sort de leurs ruches, et craignent avec raison que le sommeil qui les atteint maintenant, n'ait point de réveil au printemps . moi, au contraire, je suis en parfaite sécurité sur les miennes ; car il n'en est aucune qui n'ait pour passer l'hiver, au moins vingt ou ving-cinq kilogrammes de provisions; sans compter une assez bonne quantité de miel que j'ai recueilli en automne, entre autres, un *capeau* de dix-neuf kilogrammes, sur un fort *essaim du mois de juin* '

Ces résultats paraîtront sans doute merveilleux. Mais il n'est pas encore temps de les juger; et pour les apprécier sainement, pour ne pas se créer d'espérances chimériques, il faut attendre la suite, et savoir au moins à quel prix je les ai obtenus. C'est ce que je ne manquerai pas de dire, après avoir toutefois décrit l'appareil dont je me suis servi, et que j'appellerai désormais *Care* ou *Cantine*. C'est le nom que je lui donnai dès le commencement : on verra dans la suite aisément pourquoi.

Voici d'abord le principe qui me dirigea dans cette petite invention.

Tout procédé, me dis-je, qui aspire à remplacer ou à suppléer la nature, doit autant que possible, se rapprocher de la nature même, et se conformer à ses lois : car Dieu, qui est l'auteur de la nature n'agit pas seulement selon les voies les plus droites, mais encore les plus efficaces; et pour bien faire, il n'y a qu'à faire comme Lui, et à mettre, pour ainsi dire, dans l'art ce qu'il a mis lui-même dans la nature.

Fort de ce principe, je n'eus pas de peine à conclure : d'abord, que pour nourrir des abeilles, il ne faut pas, comme on a fait jusqu'ici, procéder à l'intérieur des ruches, mais au dehors ; et que, soit pour le nectar à servir, soit pour la façon de le servir, il faut imiter la nature, et créer autant que possible autour d'elles une puissante floraison artificielle.

Pour le nectar, c'était facile : car toute liqueur sucrée que les abeilles consentent à butiner hors des ruches, peut être considérée comme un nectar véritable ; propre, sinon à composer un miel aussi exquis que celui des fleurs, du moins à nourrir les industrieuses ouvrières qui le font, seul but que je me proposasse dans ces commencements, où j'étais encore modeste. Mais quand il s'agit d'arrêter définitivement la composition de celui que je voulais servir, j'adoptai la formule de Braconnot [1], le seul chimiste à ma connaissance, qui

[1] D'après Braconnot, voici quelle serait la compositon du nectar des fleurs. Sur 100 parties, il contiendrait :

    Sucre de canne. 13
    Sucre liquide incristalisable. 10
    Eau. 77

Ces chiffres n'ont certainement rien d'absolu. Car sans recourir à ait analysé le nectar des fleurs ; et je le formai de vingt-trois parties de sucre et soixante-dix-sept parties d'eau.

Encore n'observai-je exactement cette règle que dans les commencements, où l'on est d'ordinaire plus scrupuleux et plus fervent. Mais quand je vis mes abeilles s'accommoder à peu près également bien de tout ce qui leur était servi, pourvu que ce fût sucré, je me gênai moins ; et versant au fond d'un arrosoir deux ou trois kilogrammes de cassonnade blanche cristallisée, je courais à la pompe, je remplissais d'eau, j'agitais un peu pour faire fondre, et en cinq minutes mon nectar était fait.

une analyse qui n'est point de ma compétence, il me semble avoir reconnu que la quantité de sucre varie, d'abord suivant la nature des fleurs : et, pour les mêmes fleurs, suivant les conditions atmosphériques où elles se trouvent. En temps de pluie, et surtout de pluies prolongées, les fleurs distillent peu de nectar ; et le peu qu'elles distillent, est encore fort aqueux. C'est le contraire par un temps chaud et sec, pourvu que la sécheresse ne soit pas trop avancée.

Je pourrais même, si cette note n'était déjà bien longue, donner ici un curieux tableau comparatif de la quantité de nectar fourni par les blés noirs avec l'état atmosphérique, pendant les premiers jours du mois de septembre dernier. On y verrait, par exemple, que tandis qu'une ruche récoltait, la veille d'une averse qui eut lieu le 4 septembre, 0k,600 de nectar ; 0k,400 le jour même de l'averse ; 0,000 le lendemain ; le surlendemain, au contraire, quand la pluie eut produit son effet sur les plantes, qui souffraient de la sécheresse, la récolte fut de 1k,400 ; de 1k,200 le jour suivant ; puis, de 0,600 pendant deux jours ; enfin, elle descendit à 0,200, à 0,100, puis à 0,000, quand la sécheresse fut complète, et les fleurs presque fanées.

Je ne crois pas pourtant qu'il soit indifférent de sucrer plus ou moins. Car, outre que les abeilles, comme nous verrons, absorbent le breuvage avec beaucoup d'avidité, presque avec frénésie, quand il est bien sucré; qu'elles se le disputent même avec furie, ce qui peut avoir des inconvénients par les grandes chaleurs, et causer des engagements meurtriers; il est un fait curieux, important, qui n'avait pas encore été observé, et dont la *Cave* m'a révélé l'existence : c'est que les abeilles n'utilisent pas, pour la confection de leur miel, toute l'eau du nectar qu'on leur sert, mais une partie seulement, et évacuent le reste [1]. Il doit donc y avoir une proportion normale, plus ou moins favorable à leur industrie, et qui est sans doute celle de la nature; mais comment la connaître? Espérons qu'un chimiste habile et dévoué ambitionnera un jour la gloire de nous l'apprendre, et analysera rigoureusement le nectar des fleurs, en contrôlant les chiffres de Braconnot. Il aura rendu un immense service à l'apiculture; et l'on peut assurer que les apiculteurs, qui ont tous le naturel reconnaissant, lui en sauront gré, et conserveront de lui une mémoire éternelle

[1] A l'état d'eau pure.

Le nectar ainsi préparé , il s'agissait de le servir ; et de le servir , ai-je dit , comme fait la nature, c'est-à-dire, en dehors des ruches, et en le faisant suinter si doucement , par de gros et puissants nectaires artificiels , qu'il fût impossible aux abeilles , en le butinant , de s'engluer ni pattes ni ailes; ce qui devait constituer, on le voit, un très-grand avantage sur les anciennes méthodes , beaucoup plus propres à noyer les abeilles et à les engluer qu'à les nourrir. Mais aussi, là était la difficulté ; et, j'ose le dire, une grande difficulté.

Pendant que j'étais tout entier occupé de la vaincre, un heureux hasard voulut que je fisse un petit voyage chez mon frère , apiculteur distingué des environs de Genève. Durant le court séjour que je fis chez lui, je fus témoin pour la première fois, d'une ingénieuse application de la pesanteur de l'air à la nutrition des abeilles.

Au lieu d'introduire les sirops dans les ruches, au moyens d'augets, etc... , il en remplissait un bocal , qu'il recouvrait de toile , solidement liée autour du goulot; puis , ôtant bravement la bonde supérieure de la ruche qu'il voulait assister, il renversait rapidement le bocal sens dessus dessous , et l'appliquait

droit sur cette ouverture, qui se trouvait ainsi
refermée. Le liquide, soutenu par la pesanteur
de l'air extérieur, restait suspendu dans le
bocal sans couler. Les abeilles, exaspérées
d'abord par cette subite invasion de leur domicile, accouraient en foule pour s'y opposer;
mais, rencontrant en route la toile imbibée
de leur douce liqueur, elles s'y appliquaient
aussitôt, sans plus songer à leur fureur, et
se mettaient à pomper avidement le nectar à
travers la toile. A mesure qu'elles soutiraient,
le liquide baissait; et l'air accouru pour le
remplacer venait par grosses bulles éclater à
la surface, jusqu'à ce qu'enfin tout fût absorbé,
sans qu'il y eût ni une goutte perdue, ni une
abeille engluée, ni même le moindre déran-
gement dans la ruche; en un mot, à part un
très-grave inconvénient, inhérent à la nutrition des abeilles à domicile, et dont je parle-
rai plus tard, c'eût été la perfection [1].

J'admirai beaucoup cet ingénieux procédé;
mais je ne me contentai pas de l'admirer, je
m'en emparai avec transport, et dès ce moment, je puis le dire, la *Cave* était créée.

---

[1] On peut néanmoins se servir utilement de ce procédé, en hiver,
quand la température ne permet pas d'employer la *Cave*, pour nourrir une ruche en détresse.

En effet, à peine revenu à Mongré , j'avisai près des ruches, à cinquante mètres environ, un emplacement fait exprès pour le but que je me proposais. C'était un petit caveau haut de deux mètres, large de la moitié, pratiqué dans l'épaisseur d'un mur parallèle aux abeilles, et par conséquent exposé au midi. C'est là que je résolus d'installer la *Cave*.

Au fond du caveau , en face de la porte , j'établis une étagère , tout-à-fait semblable à celles dont les cavistes se servent pour égoutter leurs bouteilles, mais percée de trous beaucoup plus gros, et tels qu'il me les fallait pour planter *renversés* une dizaine de bocaux d'un décimètre d'ouverture. Voilà la *Cave* ! en voilà tous les éléments constitutifs , et essentiels. C'est donc là que j'allais inaugurer une distribution régulière de nectar, et faire régner l'abondance pour mes abeilles ; abondance sûre, cette fois, indépendante du temps , des fleurs , de l'état de l'atmosphère, de l'irrégularité des saisons, du caprice de la nature ; car c'est moi qui en devais être l'unique régulateur , le dispensateur suprême.

Je l'établis à cinquante mètres du rucher , afin que , si le séjour du nectar dans l'estomac de l'abeille est nécessaire pour la confection

du miel, il y fût au moins tout le temps qu'elles mettraient à franchir cette distance. Je l'établis dans un endroit couvert, afin d'obtenir un travail continu, et aussi actif pendant la pluie que par le plus beau soleil.

J'ajoute néanmoins pour la consolation des apiculteurs qui n'ont point de caveau, que le caveau n'est point nécessaire, même pour obtenir ce dernier résultat, et qu'une simple modification apportée à l'appareil, et applicable partout, le remplace avantageusement, comme nous verrons plus tard. [1]

La *Cave* ainsi constituée, les bocaux remplis et plantés droits sur leur étagère, il ne restait plus qu'à convier les abeilles à cet opulent festin ; et, reculé d'un pas, jouir du plus beau, du plus enivrant spectacle pour l'œil d'un apiculteur : celui de ses abeilles accourant d'abord par centaines, par milliers, empressées, bourdonnantes, mais encore incertaines, et tournoyant en cherchant, flairant et se rapprochant toujours de la *Cave*. Elles l'assiégent bientôt, nombreuses comme un petit nu-

[1] L'appareil définitif, moins les bocaux, revient à 4 ou 5 fr., même moins si l'on veut. Les bocaux coûtent 40 ou 50 c. Il faut les choisir d'une contenance de 1 à 2 litres, et en employer deux par ruches à nourrir. Je me propose du reste d'en faire fabriquer exprès pour cet usage, et qui offriront des avantages particuliers.

age noir qui se condense, ou comme un essaim
qui va s'abattre sur la branche qu'il a choisie.
L'ont-elles envahie, les nectaires disparais-
sent : à la place, une masse noire, vive, four-
millante, étincelante d'ailes, où tout s'agite,
tout remue. Les plus heureuses, les premières
arrivées, appliquées et comme piquées contre
la toile, sucent immobiles, avec une volupté qui
se traduit par tous leurs membres; tandis que
les autres, haletantes, éperdues, courent de
tous côtés, sur les bocaux, sur l'étagère, en
quête d'une place qu'elles ne peuvent trouver,
et qui ne leur est enfin cédée, que quand les
premières, rassasiées et n'en pouvant plus,
quittent à regret la toile pour courir à la ruche
se décharger, et revenir encore. Alors s'établit
un va-et-vient indescriptible, un courant régulier, rapide, des ruches à la *Cave*, de la *Cave*
aux ruches : celles-ci dégorgeant toujours un
flot d'abeilles, ruisselant, impétueux, où celles
qui partent, dans leur aveugle empressement,
heurtent, choquent, *trinquent* tête contre tête
avec celles qui arrivent, sans se décourager,
sans se déconcerter, sans rien perdre de leur
ardeur : le *fervet opus*, en un mot, dans toute
sa belle, sa fiévreuse et intraduisible réalité.
Quelle jouissance ! quel enivrement ! quelle

exaltation ! Voilà pourtant à quel spectacle j'ai assisté tous les jours de cet été, et où il m'a été permis de faire les observations les plus curieuses, les plus intéressantes, et j'ose dire aussi les plus nouvelles.

Mais on me demandera peut-être comment je m'y prends pour appeler les abeilles à la *Cave*; pour n'y appeler que les miennes, et encore celles des miennes que je veux nourrir : car, quelque charité qu'on me suppose, on ne me suppose pas sans doute celle de nourrir gratuitement les abeilles de mes voisins.

Je réponds : par une opération très-simple, très-facile, qui ne demande pas cinq minutes de temps, même la première fois qu'on la fait, la seule du reste qu'il soit nécessaire de la faire. Mais comme cette opération repose tout entière sur un curieux échantillon des mœurs des abeilles, dont l'observation m'a révélé la connaissance, et dont l'exposition exige de longs développements, je prie mes lecteurs de me permettre de ne pas épuiser leur patience du premier coup, et de remettre à un prochain numéro l'entière livraison de mon secret.

DEUXIÈME LETTRE.

4 février 1868.

M. R. P.

J'ai laissé mes lecteurs apiculteurs, un peu intrigués peut-être autour de la *Cave,* et curieux de savoir comment je m'y prendrai pour appeler les abeilles, et pour n'y appeler que celles que je voudrai nourrir.

Je dis mes lecteurs apiculteurs ; car, pour s'intéresser ici, il faut l'être : les profanes ne peuvent pas même soupçonner le plaisir que nous y prenons.

Un apiculteur, en effet, n'est pas tout-à-fait un homme comme un autre. C'est un homme essentiellement passionné d'abord ; et quiconque s'est un peu familiarisé avec ces petites bêtes, les a vues de près, fréquentées, soignées surtout, est un homme pris ; qui n'a pas seulement pour elles une affection quelconque , mais une passion véritable, douce, calme, il est vrai, sans violence, mais sincère et profonde, inépuisable surtout en plaisirs purs et tendres préoccupations de toute sorte. C'est avec elles, une lune de miel perpétuelle.

Un apiculteur est-il chez lui, il ne peut absolument pas se passer de les visiter au moins deux ou trois fois par jour. Le plus souvent, il n'y a rien à faire; mais il est là, auprès d'elles, cela suffit. Revient-il de voyage, a-t-il fait quelque absence nécessaire et prolongée, soyez sûr que sa première visite au retour, sera pour ses chères abeilles; heureux même si, tout en embrassant tendrement sa famille, il ne laisse rien percer de son impatience !

En un mot, il n'y a de comparable à l'affection d'un apiculteur pour ses abeilles, que celle qu'il a naturellement pour tous ses confrères. Deux apiculteurs, même voisins, ne sont pas en effet, comme on pourrait croire, nécessairement deux jaloux; mais les deux hommes, au contraire, les mieux faits pour s'entendre. S'ils ne sont pas encore amis, soyez sûr qu'il ne tarderont pas à l'être, qu'ils en cherchent tous deux l'occasion, et qu'ils grillent d'envie, chacun de son côté, de la rencontrer. C'est un si grand besoin pour un apiculteur de pouvoir s'épancher, communiquer ses impressions, ses pensées, ses joies, ses espérances, ses petits bonheurs, les expériences qu'il a faites, celles qu'il se propose encore de faire, bref, ces mille projets riants, ces doux rêves d'avenir et de prospérité, qui éclosent si facilement dans l'âme un peu candide et légèrement enthousiaste d'un véritable apiculteur! Peut-être même, dans leurs fréquentes entrevues, finiront-ils par se demander quelquefois des nouvelles réciproques de leurs femmes, de leurs enfants, de leur santé mutuelle ; mais seulement quand l'intérêt de la conversation leur aura permis de laisser voir sur ces objets secondaires, toute la tendresse et la sensibilité de leur cœur, qui est réelle. Avec d'autres, on est naturellement moins expansif; on les supporte néanmoins, pourvu qu'ils vous parlent de vos abeilles.

Cela dit, et sur des confrères qui méritaient d'être plus connus, je reviens à la *Cave*, et à la petite opération nécessaire pour y attirer les abeilles, que j'appelle *amorcer*.

Voici d'abord les observations sur lesquelles elle repose.

Du temps que je nourrissais mes abeilles à *domicile*, je fus frappé d'un fait qui me parut

singulier. Presque aussitôt que j'avais introduit la nourriture dans une ruche, j'en voyais
sortir un grand nombre d'abeilles, qui s'élan-
çaient vivement dans la campagne, et s'épar-
pillaient de tout côté, comme pour aller butiner. Je choisissais pourtant, pour faire cette
opération, une journée froide, pluvieuse, souvent même la tombée de la nuit, afin d'éviter
tout danger de pillage. Aussi, dans les autres
ruches, tout était calme et tranquille ; il n'y
avait que celle que je venais de nourrir, d'où
les abeilles sortissent comme aux plus beaux
jours ; avec cette différence toutefois , que
lorsque le temps était véritablement froid ,
leurs excursions étaient beaucoup plus cour-
tes , et, après s'être bien convaincues qu'il ne
faisait pas bon pour elles dehors, elles se hâtaient de rentrer précipitamment, toutes gre-
lottantes et toutes transies; plusieurs même
ayant bien de la peine à arriver jusqu'à la
ruche avant de tomber engourdies, peut-être
pour ne plus se relever.

Ce fait singulier, constamment répété dans
les mêmes circonstances, piqua vivement ma
curiosité. Etait-ce simplement un exercice
hygiénique, inspiré par la nature au sortir
d'un bon diner? ou fallait-il y voir l'indice

qu'une promenade au dehors leur est nécessaire, pour donner au nectar contenu dans
l'estomac le temps de se convertir en miel ?
En réalité, ce n'était ni l'un ni l'autre, comme
nous allons voir. Mais la fausse interprétation
à laquelle je m'arrêtai en adoptant le second
parti, eut du moins cela de bon, qu'elle m'ou-
vrit les yeux sur les avantages de nourrir les
abeilles en plein air, et amena par suite la
découverte de la vérité. Car ayant expérimenté
aussitôt ce nouveau procédé, et pris dans une
ruche complétement tranquille, une demi-
douzaines d'abeilles, que je laissai s'envoler
après les avoir bien gorgées de miel, je fus
tout étonné de voir le même phénomène se
reproduire.

A peine, en effet, ces quelques abeilles,
furent-elles rentrées dans la ruche, que j'en
vis sortir un grand nombre d'autres, vives,
alertes, empressées, qui s'élancèrent dans la
campagne. Evidemment, ce n'étaient pas celles que je venais de nourrir, puisqu'elles ren-
traient, et qu'elles n'avaient pas eu le temps
de se décharger : il en partait du reste beaucoup plus qu'il n'en était entré. C'étaient donc
d'autres abeilles. Mais alors, pourquoi sor-
taient-elles? et quel motif subit pouvaient-

elles avoir de quitter leur doux repos, et de s'envoler si intempestivement dans la campagne? Là était le problème.

Après un moment de vive réflexion , je crus l'avoir deviné, et tenir encore un de ces petits secrets, un de ces invisibles ressorts par lesquels la divine Providence remue si efficacement, mais si simplement aussi, les admirables rouages de ces charmantes petites républiques qui vivent sous nos yeux.

Ce qui faisait sortir alors les abeilles, et leur communiquait cette ardeur de butinage qui pointait dans leurs yeux (mille observations me l'ont démontré depuis jusqu'à l'évidence), c'était le riche butin rapporté par leurs compagnes , et l'aspect de ce miel qu'elles leur voyaient tout à coup dégorger à pleine bouche, près d'elles, dans les alvéoles ; et l'indice certain qu'en tirait leur petite logique, que la campagne était riche, qu'il fallait partir.

Qui ne connait l'avidité, la prodigieuse ambition de ce petit peuple, son avarice, son insatiable cupidité d'avoir, d'amasser, de s'enrichir? Non pas certes par égoïsme, ni par intérêt personnel, mais par esprit national et patriotisme. Souvent, malgré cela, elles ont l'air de se reposer, de ne rien faire, de consu-

mer même les plus belles journées dans l'i-
naction et la fainéantise. Ceux qui les contem-
plent alors, et les comparent avec leur réputa-
tion si bien méritée, n'en peuvent revenir. Les
uns se scandalisent; les autres plus indulgents,
imaginent mille explications favorables : ils
accusent, par exemple, le temps, qui est magnifique ; le manque de chaleur, qui est parfois excessive. Ils finissent enfin, et ils font
bien, par avouer qu'ils n'y peuvent rien comprendre, et qu'il n'y a pas moyen d'expliquer
cette inexplicable anomalie.

Or la véritable explication, la voici : c'est
qu'alors il n'y a rien dans la campagne, et
qu'après s'en être bien assurées par elles-
mêmes ou par les éclaireurs (car elles en ont)
les abeilles aiment mieux rester à domicile,
se reposer même un peu, que de perdre inu-
tilement leur temps et leur peines à battre une
campagne épuisée [1]. Mais qu'au milieu de
cette inaction calculée, apparaisse tout à coup
un indice contraire ; qu'elles aperçoivent, par
exemple, deux ou trois des leurs, arrivant
inopinément chargées d'une bonne récolte de

---

[1] L'activité des abeilles est donc un des meilleurs signes de la
richesse mellifère de la campagne. C'est un principe essentiel à
retenir.

miel ; qu'elles les voient se dégorger sous leurs yeux dans les alvéoles : aussitôt elles se précipiteront ; les portes seront littéralement trop étroites pour leur livrer passage. Peu habituées à de faciles aubaines, elles ne se donneront pas même la peine d'examiner si ce miel n'était pas servi tout près d'elles dans la ruche ; mais, emportées par leur instinct, elles s'élanceront généreusement dans ces vastes plaines ou vers ces hautes montagnes, où la Providence de Dieu les sert habituellement ; et elles chercheront tant, qu'elles finiront par trouver, ou par se convaincre de nouveau qu'il n'y a rien; car si elles étaient servies dans la ruche, ou qu'elles le fussent au dehors, mais en si petite quantité que les premières aient tout emporté, le mouvement cesse bientôt et tout rentre dans le calme.

Voilà par quelle loi simple Dieu tient ces petites bêtes toujours au courant de ce qu'elles doivent savoir, tout en ménageant leur temps et leurs forces, et même leur vie, par une amoureuse providence. Car s'il fallait que tous les jours chaque abeille s'assurât par elle-même de l'état mellifère de la campagne, quelles courses infinies ! quelles fatigues excessives ! et combien qui resteraient pour toujours prises dans les mille piéges que leur tendent si malignement tant d'ennemis acharnés et cruels , particulièrement les araignéees[1] ! Tandis que , avec cette loi sage , simple et bonne , les abeilles , comme j'ai dit , sont toujours averties à temps , leurs forces ména-

[1] C'est , à mon avis, le plus redoutable , le plus rusé , le plus froidement féroce. Qui n'a pas vu , par exemple , sur les fleurs du sainfoin , de grosses araignées , arrondies et plates , tenir par la tête et sans qu'elles puissent faire le moindre mouvement, comme un lion tiendrait une faible brebis , de pauvres petites abeilles , surprises au moment où elles allaient, innocemment et sans défiance , plonger la tête dans le calice d'une fleur , ou qu'elles l'en retiraient encore tout humide de nectar ? Montées sournoisement le long de la tige , et embusquées soigneusemeut au milieu de ces jolies fleurs , les araignées attendent là avec une patience et une hypocrisie féroce qui font mal à voir. C'est la véritable image du diable. Elles ne réussissent que trop , les malheureuses ! à surprendre les innocentes abeillles ; et elles en font, particulièrement sur cette fleur, un grand dégât. La grosse araignée des jardins, ou Épéire, ne leur est pas moins funeste, surtout au mois d'août et de septembre , avec sa large toile étalée partout presque invisiblement, dans les bois, les buissons, les charmilles, les treilles, etc... Aussi , quelque part qu'un apiculteur la rencontre, doit-il s'empresser de l'exterminer sans pitié. — On accuse aussi les moineaux et les hirondelles de ne pas trop dédaigner les abeilles ; mais je crois que ce sont des calomnies. Le petit rossignol, lui, fréquente volontiers les ruchers qui sont à sa portée; mais j'ai reconnu qu'il se contente d'enlever discrètement , pour ses petits, les larves blanches que les abeilles sortent fort souvent de leurs ruches. Il eut été vraiment trop dommage de trouver fondée , contre ce gentil petit rossignol, une accusation aussi grave que celle de destructeur d'abeilles. Je n'en dirai pas tout-à-fait autant de ces lézards espiègles , qu'on voit bien souvent rôder autour des ruches , et qui ramassent , je crois , au moins aussi volontiers les vives que les mortes ; mais comme ils détruisent, d'un autre côté , beaucoup d'araignées , il y a compensation.

gées ; et elles peuvent encore goûter en paix
quelques moments de repos, tout en contri-
buant par leur présence à entretenir une douce
chaleur dans la ruche.

Ces petites trouvailles paraîtront sans doute
bien peu de chose, bien froides surtout ainsi
figées sur le papier ; on s'étonnera même qu'un
homme sérieux puisse mettre tant d'importance à les rechercher, et tant de complaisance
à les décrire. Mais sur le terrain, et dans ces
premiers moments où l'on vient de rencontrer
Dieu, de le toucher pour ainsi dire, et de le
trouver toujours semblable à Lui-même, c'est-
à-dire grand, puissant, irrésistible, mais surtout bon, simple, attentif, ingénieux même ;
on est saisi de je ne sais quel mélange de sentiments divers, tous délicieux : on bénit, on
adore, on loue, on remercie; un frisson même
quelquefois vous parcourt, et peu s'en faut
que sur votre tête, à la présence de cette Majesté invisible qui vous enveloppe de toutes
parts, vous ne sentiez involontairement vos
cheveux frémir et s'agiter. C'est le charme et
le grand avantage de cette étude de la nature,
quand elle n'est pas stupidement faite.

Les abeilles ainsi convaincues de posséder
un précieux instinct qui permet de les appeler

au travail , quand on veut , et celles qu'on veut ; il ne restait plus , pour les intérêts de la *Cave* , qu'à leur découvrir un instinct plus merveilleux encore : celui de s'y conduire elles-mêmes, et de s'enseigner mutuellement le chemin de ce qu'elles ont trouvé de bon. C'est ce qui ne tarda guère à se réaliser.

Mais comme je ne veux rien affirmer que de certain, et que je n'aie, autant que possible , vérifié moi-même par des expériences concluantes et réitérées , j'avoue qu'ici il me reste quelques doutes : non pas , il est vrai, sur le fait lui-même , qui se passe bien comme si les abeilles savaient se conduire, mais sur l'explication qu'on en peut donner, et qui me paraît multiple, comme nous allons voir.

Pour l'intelligence de ce qui va suivre, je suis obligé de dire que, sur la façade du pensionnat que j'habite, j'occupe une des nombreuses chambres qui sont exposées au midi, et que ma fenêtre est à environ 400 mètres du rucher, avec murs, haies, petit bois entre deux; en un mot, tout ce qui peut gêner la vue et empêcher la communication directe.

Or, je m'amusais assez volontiers , surtout dans les commencements, à donner à manger aux abeilles sur cette fenêtre ; et j'en rapportais souvent trois ou quatre , pour les regarder tout à mon aise faire leur petite charge ; examiner , montre en main, par exemple , combien de temps elles mettraient à retourner à leur ruche , à se décharger, à revenir , et mille autres petites curiosités de ce genre.

D'abord , je ne vis pas sans admiration , qu'au lieu de retourner étourdiment chez elles après avoir bien mangé, elles notaient au contraire très-soigneusement l'endroit pour y revenir. Voici comment elles s'y prenaient. Au lieu de s'envoler directement tout d'un trait , elles s'arrêtaient après un premier élan, à un mètre environ de l'objet servi, se retournaient contre la fenêtre, examinaient bien attentivement, tout en se balançant, d'abord de haut en bas , puis de gauche à droite, et faisant pour ainsi dire en l'air le *signe de la Croix* [1] ,

[1] C'est du reste toujours ainsi qu'elles font , la première fois qu'elles quittent un endroit où elles veulent revenir. Ce petit manége est surtout visible à la porte des jeunes essaims, les deux ou trois premiers jours qu'ils occupent une ruche nouvelle , et y cause même un mouvement inaccoutumé, et une espèce de confusion , toutes les abeilles se balançant un moment avant de partir. Mais une fois habituées , elles partent comme un trait et sans rien considérer. — Il y va du reste d'un très-grand intérêt pour elles : car , si au retour elles ont le malheur de se tromper et de prendre une autre ruche pour la leur , elles sont sûres d'être immédiatement empoignées par la garde, et mises à mort. Un œil exercé peut aussi distinguer à ce signe. même parmi toutes les autres, les jeunes abeilles qui sortent pour la

puis elles partaient à tire-d'ailes dans la direc-
tion du rucher, pour reparaître bientôt après,
non plus seules cette fois, mais accompagnées
de plusieurs autres qu'elles avaient débau-
chées en route, et engagées à les suivre : de
sorte qu'à chaque voyage le nombre augmentait, pour ainsi dire, en proportion géométri-
que, surtout si c'était du miel qui fût servi.
Car le miel c'est leur régal suprême, leur
friandise par excellence [1] ; servi en plein air,

première fois et font leur premier voyage : tandis que les vieilles
habituées, comme nous avons dit, partent d'un trait et sans regarder, les jeunes font toutes leur balancement et leur signe de la croix.

[1] Voici du reste la *gamme* de leurs affections, qu'il est important de
connaître. Au dessus de tout, le miel ; et par dessus encore, le miel
liquide et frais. Vient ensuite le nectar des fleurs ; et parmi les fleurs
qu'elles affectionnent le plus, il y a celles du sainfoin, du blé noir,
etc... Après le nectar vient le sucre, et surtout le sucre de fruits
qu'elles préfèrent de beaucoup à tous les autres. — Les confiseurs des
petites villes sont très-exposés aux visites intéressées des abeilles ;
mais ils ne le sont guère pourtant qu'en été, quand les fortes chaleurs ont tout desséché dans la campagne. Les abeilles font alors leur
désespoir, et les contraignent souvent à ne plus travailler que la
nuit. Or, « de tous les sucres qu'elles nous prennent, me disait un
» confiseur de Villefranche, c'est celui de fruits qu'elles rapinent plus
» volontiers. Quand nous les travaillons, elles dédaignent tout le reste,
» pour s'acharner de ce côté. » Ah ! si j'étais chimiste, quel plaisir
j'aurais à examiner tout cela par le menu ! à rechercher, par exemple, si la raison de leurs préférences est que tel nectar contient plus
de sucre incristallisable que tel autre, etc... Toutes ces bagatelles
paraissent peu de chose : mais, une fois connues, elles finissent toujours tôt ou tard par servir. Courage donc, ô chimistes !

In tenui labor : at tenuis non gloria, *si quem...*

il a le privilége de les rendre presque folles ; il les enivre , les grise de cupidité , et les rend forcenées, pétulantes, tout-à-fait ingouvernables.

Toutes les fois donc que je servais du miel sur ma fenêtre , j'étais sûr de les voir arriver bientôt par centaines. Après avoir commencé par être 3 ou 4 , elles étaient rapidement 10, 15 , 20, 50... ; puis l'affluence devenait tout à coup si formidable et prenait un caractère si alarmant, qu'effrayé moi-même des suites, je me hâtais bien vite de plier bagage, de rentrer les vivres et de fermer exactement ma fenêtre. Encore n'en étais-je pas quitte pour autant , ni à si bon marché. Car ces petites bêtes, exaspérées, comme j'ai dit, par les enivrantes vapeurs du miel , et persuadées, on ne sait comment , qu'il devait y en avoir par là, s'acharnaient à faire le siége de ma fenêtre, mais avec un ténacité et une persistance incroyable. Abrité derrière les vitres, je les voyais, je les entendais surtout, non sans quelque anxiété, murmurer , bourdonner , s'agiter comme des furieuses, chercher en frémissant à s'insinuer

Quand viendra-t-il ? — Il me semble avoir mis la main sur un. Il est jeune, intelligent, laborieux , plein de bonne volonté, et par conséquent d'avenir. Espérons !

par les moindres fissures, miauler de rage de
ne pouvoir y réussir, peser, en un mot, contre
ma fenêtre, avec la fureur d'une rafale en dé-
lire, ou comme une eau impatientée, qui veut
absolument filtrer à travers un barrage.

Le pis était, malheureusement, que déses-
pérant à la fin de pénétrer chez moi, mais
trouvant d'autres fenêtres ouvertes, elles s'y
engouffraient comme des furies, et apparais-
saient tout à coup aux regards ahuris de mes
studieux voisins, qui, moins familiarisés que
moi avec ces petites bêtes, et moins aguerris
contre les piqûres, se hâtaient bien vite, on le
comprend, de jeter leurs livres, et de déserter
leurs chambres ; mais pour tomber tous chez
moi, et m'assaillir de leurs unanimes réclama-
tions. Car ils ne perdaient pas leur temps cette
fois à philosopher sur les causes, et savaien
bien vite à qui s'en prendre de cette intoléra-
ble agression. De sorte que je me trouvais
alors dans une position aussi critique qu'em-
barrassée : du côté de la fenêtre, une nuée
d'abeilles acharnées à en faire le siége; du
côté de la porte, un corps entier de respecta-
bles professeurs, tous l'œil ému, la voix légèrement altérée, protestant hautement contre
mes entreprises et le trouble apporté à leurs

pacifiques habitudes; et moi entre deux, muet, interdit, confus, presque consterné de ce que je venais de faire, ne sachant que dire ni que que répondre devant le flagrant délit. Il n'y avait pourtant bientôt guère d'autre remède que de prendre le parti d'en rire, et de promettre, pour ma part, un sérieux amendement pour l'avenir ; ce à quoi je me résignais alors bien volontiers et bien sincèrement. Mais l'oubli, la tentation, le retour de quelque accès de curiosité incorrigible... et par-dessus tout la faiblesse d'apiculteur, plus grande encore, s'il est possible, que la faiblesse humaine, ne laissaient pas, malheureusement, durer ces bonnes résolutions autant qu'elles auraient dû ; et quand je croyais tout oublié, j'étais bien près de recommencer.

Mais si, au commencement d'un de ces orages soulevés par mon intempérante curiosité, je réussissais assez à temps à m'esquiver jusqu'au rucher, mon unique refuge dans ces circonstances, j'étais saisi d'un spectacle vraiment éblouissant, qui aurait emporté à lui seul toutes mes résolutions, ou plutôt, que j'aurais payé vingt fois plus cher qu'il ne me coûtait ! Car, toutes les autres ruches étant parfaitement tranquilles, ou conservant leurs allures ordinaires, il n'y en avait qu'une, celle précisément dont j'avais tiré les quelques abeilles responsables de tout le tumulte, qui était dans un émoi vraiment indescriptible. Les abeilles en sortaient à flot roulant, pressé, par jet continu, à peu près comme une fusée crache ses étincelles ; et toutes, au sortir de la ruche, semblaient infléchir leur vol du même côté, celui qui conduisait à ma fenêtre. C'étaient donc les abeilles de cette ruche qui causaient toute cette agitation, les autres n'y étaient pour rien. Elles avaient donc su s'avertir, et non-seulement s'avertir, mais se conduire, et s'enseigner mutuellement le chemin ! Quelle autre explication, en effet, donner d'une découverte si prompte, si unanime, et pourtant si exclusivement réservée aux abeilles d'une seule ruche ?

Les abeilles savent se conduire : mais comment se conduisent-elles ? Ah ! c'est ici une autre question, et où j'avoue que l'état présent de mes connaissances ne me permet pas de décider, quoique je ne désespère pas de le faire un jour. Qu'il me suffise, en attendant, d'exposer deux hypothèses qui ont partagé longtemps les affections de mon esprit, et entre lesquelles les faits semblaient prendre un si ma-

lin plaisir à me ballotter, m'attirant tantôt vers
l'une, tantôt vers l'autre, que j'avais presque fini
par croire qu'elles s'entendaient pour produire
ce phénomène de moitié ; et qu'il n'y avait
rien de mieux, pour tout concilier, que de
leur en partager les honneurs. Qu'on en juge.

La première idée qui me vint pour expliquer
la conduite que se font les abeilles, c'est qu'on
pourrait peut-être leur prêter un *langage* naturel, purement mécanique, très-borné dans
ses manifestations et son vocabulaire, suffisant
néanmoins à leurs besoins, et tout à fait ana-
logue à celui que P. Huber a cru découvrir
chez les fourmis, sous le nom de *langage anten-
nal* [1]. Qui ne sait, en effet, que les abeilles et les
fourmis sont au moins cousines, tant il y a
entre ces petites républiques de ressemblan-
ces et d'analogies, surtout pour les mœurs ? Ne
pourrait-on pas, par conséquent, quand il
s'agit d'éclaircir un point encore obscur de

1 *Recherches sur les fourmis indigènes*, par P. Huber, fils de ce
Fr. Huber qui fit au commencement de ce siècle, quoique aveugle,
de si belles découvertes sur les abeilles. — Il n'est pas seulement
curieux, il est touchant, quand on connaît l'histoire de ces deux
hommes, de voir le père et le fils s'illustrer tous deux par leurs travaux sur des peuplades aussi voisines. Les abeilles et les fourmis
méritaient bien d'être célébrées par des observateurs, moins recom-
mandables peut-être par le talent, que par la piété filiale et le
malheur.

l'histoire naturelle des unes, emprunter provisoirement chez les autres, et les étudier ainsi simultanément, ou plutôt réciproquement? C'est du moins ce que je me propose de faire Mais, pour abréger et faciliter la besogne, y aurait-il de l'indiscrétion à convier aussi à cette étude la multitude d'yeux intelligents qui se trouvent en tous pays parmi les apiculteurs; et qui, peut-être, à l'heure qu'il est, devant le spectacle de la nature, sont encore en disponibilité?

Pour ma part, j'incline fortement à croire, non pas qu'il y a, mais qu'on pourra très-probablement découvrir chez les abeilles [1], et même ailleurs, cette espèce de langage rudimentaire dont je parle; destiné, non point à échanger des idées ou des connaissances intellectuelles, que les animaux n'ont point et ne peuvent avoir; mais des sentiments, des

---

[1] Je me permets d'attirer l'attention des observateurs particulièrement sur le *bourdonnement* des abeilles, sur son *timbre*, ses variétés, etc. — Peut-être est-ce là qu'on pourra trouver quelque chose. Qui ne connaît, par exemple, ce *frémissement* ou ce *bruissement*, avec lequel elles battent le rappel au moment de l'essaimage, pour s'avertir que la mère est dans la ruche? — On finira peut-être ainsi par rendre raison de cet usage aussi singulier qu'universel, de *faire du bruit* et de battre la caisse pour arrêter les essaims. On aura sans doute remarqué qu'on empêche par là les abeilles *d'entendre* et de faire les signaux de départ. Je ne donne pourtant tout cela que pour ce que cela vaut: mais enfin, je le donne.

affections, des besoins, des connaissances *spéciales* même, dont ils sont aussi susceptibles que nous. Ce *patois*, dirait La Fontaine, me semble particulièrement indispensable à ceux qui vivent en société, comme les fourmis et les abeilles; et peut-être un jour essaierai-je de démontrer que parmi ces dernières, il y a telle opération commune, l'essaimage par exemple, qui est non-seulement inexplicable, mais absolument impossible, sans un langage quelconque pour s'avertir et se concerter. Je sais bien, puisqu'il ne faut rien dissimuler, que les savants de nos jours ne sont pas fort disposés à accorder aux animaux rien de semblable. Mais peut-être aussi se laissent-ils trop influencer par la crainte de donner dans les rêveries et les excentricités de Dupont de Nemours. Suffirait-il donc du premier original venu pour décrier et étouffer à jamais une opinion qui peut avoir du bon; contre laquelle du moins on ne peut alléguer aucune bonne raison [1] ?

[1] Témoin le regrettable M. Flourens, qui dans son livre de *l'Instinct et de l'intelligence des animaux* (p. 95) prouve bien par d'excellents arguments qu'ils ne parlent ni grec ni français, ni aucune autre langue humaine articulée, mais nullement, à mon avis, qu'ils n'ont pas un langage mécanique et restreint, ce qui était pourtant la question. Il n'y a donc pas là de quoi décourager nos recherches.

Quoi qu'il en soit, cette parcimonie des savants envers les animaux me paraît d'autant plus regrettable, qu'on se montre aujourd'hui plus enclin, sur la foi de je ne sais qui, à les adopter pour ancêtres. Au moins faudrait-il alors les laisser jouir de tous leurs avantages: car il ne paraît pas absolument indispensable, pour autoriser cette généalogie, et la rendre vraisemblable, de faire les bêtes encore plus bêtes qu'elles ne sont : à moins toutefois que ces généalogistes n'aient là-dessus des raisons particulières, comme sont leurs opinions. Alors qu'ils le disent, et se contentent de parler pour eux.

Mais, si les abeilles ont un langage, s'en servent-elles dans le cas particulier qui nous occupe ? et se conduisent-elles à la *Cure*, comme P. Hubert prétend que les fourmis se conduisent à *l'armoire des confitures* ? (*Recherches*, etc.) C'est, je le répète, ce que j'ignore, et ce que ma répugnance à affirmer ce que je ne sais pas, me force à laisser provisoirement en suspens.

Mais alors, comment y vont-elles ? Peut-être *en se suivant* : et les premières qui ont su le chemin, l'apprenant aux autres en le parcourant elles-mêmes, toutes finissent par le savoir car s'il y a des exceptions, nous en verrons bientôt la cause.

Peut-être aussi, les abeilles d'une ruche *amorcée*, sortant, comme nous avons vu, en très-grand nombre, et avec un appétit prodigieusement aiguisé par la persuasion qu'il y a du miel servi quelque part, cherchent tant qu'elles finissent par trouver. De fait, au commencement de l'amorçage, avant que, la *Cure* trouvée, le va-et-vient régulier se déclare, il y en a une si grande multitude en l'air, elles circulent effarées avec tant de rapidité, que quelque part qu'on se trouve, dans un rayon de plusieurs centaines de mètres autour du rucher, on en entend à tout moment, sans les voir, siffler à ses oreilles.

Peut-être aussi l'*odorat* y est-il pour quelque chose.

Peut-être enfin, — et c'est toujours ainsi que je me vois malgré moi ramené à l'accord amiable dont je parlais en commençant, — peut-être faut-il faire honneur de cette découverte à toutes ces causes réunies, et expliquer par l'ensemble ce qu'on ne peut pas justifier par les parties séparées.

Quoique ces discussions soient déjà bien longues et bien fatigantes, je ne finirai point pourtant sans consigner encore ici une remarque que je crois avoir faite, et qui fera plaisir, j'en suis sûr , à ceux qui soutiennent qu'il y a plusieurs sortes d'ouvrières dans une même ruche : les *Butineuses*, les *Cirières* et les *Nourrices*, dont les noms indiquent suffisamment les fonctions comme les aptitudes diverses : car dans les œuvres de Dieu, si bien pondérées, l'un ne va jamais sans l'autre, et l'un est un signe infaillible de l'autre.

Il me semble donc avoir remarqué une très-grande inégalité d'aptitudes à découvrir la *Cire*, parmi les abeilles d'une même ruche. Les unes (sans doute les *Butineuses*), y vont pour ainsi dire tout droit et sans tâtonner, du premier coup. D'autres , au contraire , se montrent si gauches et si maladroites, qu'elles vous impatientent souvent par le spectacle de leur bêtise. Au lieu de s'abattre comme les autres sur les nectaires, je les voyais tourner autour, aller, venir, chercher tantôt d'un côté, tantôt de l'autre ; se rapprocher même quelquefois jusqu'à flairer les bocaux, puis se détourner tout à coup sottement, pour aller flairer ailleurs, les murs, la voûte; en un mot, donner du nez partout , excepté au bon endroit. Il y en a même (en petit nombre, il est vrai),

qui n'ont jamais su trouver l'entrée du petit
caveau. Elles y mettaient pourtant, certes,
beaucoup plus de bonne volonté que d'intelligence ; car à peine le nectar était-il servi, et
l'éveil donné dans la ruche, qu'on les voyait
accourir avides, empressées, se donner une
peine infinie; mais tous leurs efforts aboutis-
saient à recommencer sans fin les mêmes tours,
les mêmes recherches, tout aussi infructueu-
ses le lendemain que la veille. On voyait bien
pourtant qu'elles savaient qu'il y avait là quelque chose; mais ce qu'on voyait mieux encore,
c'est qu'elles ne savaient pas le trouver, et
qu'elles étaient sous ce rapport d'une infério-
rité désespérante. — Tandis qu'elles perdaient ainsi leur temps et leurs peines, les
autres allaient et venaient avec un entrain,
une sûreté admirable, tombant toujours à
coup sûr et de la ruche à la *Cave* et de la *Cave*
à la ruche.

D'où vient cette différence? Sans doute de
la diversité des ouvrières dans une même ruche. Il y aurait donc réellement, comme le
prétendent quelques apiculteurs naturalistes,
d'abord les *Butineuses*, dont ce serait l'emploi
ordinaire; et qui montreraient par la supériorité avec laquelle elles l'exercent, la supério-

rité de leur organisation sous ce rapport. Il y
aurait aussi des *Cirières* et des *Nourrices*,
beaucoup plus mal conformées pour cet emploi, mais qui ne l'exerceraient non plus qu'exceptionnellement, et seulement lorsqu'une
abondance extraordinaire de miel forcerait,
pour ainsi dire, à lever le ban et l'arrière-ban
de toutes les abeilles disponibles, pour le recueillir. Ce serait donc, ou peu s'en faut, le
système des conscriptions modernes. A force
de progresser, nous aurions fini par attraper
ces petites bêtes, et par faire pour le sang ce
qu'elles font pour le miel; peut-être aussi avec le
même succès : car ces *Cirières* et ces *Nourrices*,
enrôlées, comme j'ai dit, pour la circonstance,
ne montrent pas, tant s'en faut, les mêmes
aptitudes pour le butinage que les véritables
Butineuses. Elles perdent leur temps à flairer
contre les murs.

Quoi qu'il en soit, voici le moment, ce me
semble, de divulguer tout secret, si secret il
y a encore après tant d'explications, et d'arrêter enfin cette dragée qui semble fuir depuis
si longtemps, quoique sans malice, devant
l'impatiente avidité de mes lecteurs apiculteurs. Puisse ce retard involontaire, puisqu'il
était nécessaire, contribuer encore à la leur

rendre plus savoureuse! Ce sera déjà un dé-
dommagement à mes peines.

Voici donc comment on procède pour *amorcer* une ruche et inaugurer la *Cave*. Par une
belle journée, les bocaux étant remplis et
plantés droits sur leur étagère, on choisit [1]
ce moment de la soirée où les abeilles, revenues à peu près toutes du butinage, commen-
cent en murmurant les apprêts nocturnes, et
font leurs dispositions pour passer la nuit. Ce
moment, pendant la belle saison, et quand la
campagne n'est pas très-riche, arrive ordi-
nairement vers les quatre ou cinq heures du
soir. Il reste encore deux ou trois heures de
jour dont on peut profiter. Pour cela on prend
une de ces petites ruches qu'on appelle *hausses* ou *capeaux*, suivant les pays, ou tout autre
objet; on l'enduit bien de miel sur un bord,
et on le présente de ce côté à l'entrée de la
ruche qu'on veut nourrir, faisant en sorte qu'il
s'y prenne, le plus tôt possible, huit ou dix

[1] C'est la prescription principale. Plusieurs apiculteurs, pour l'avoir négligée, ont vu leur *Cave*, envahie par les étrangères. C'était facile à prévoir. Il faut absolument attendre la rentrée des abeilles, au moins le premier jour. Les jours suivants, il convient de ne pas trop se presser non plus. Qu'on profite du temps qui suit la rentrée des abeilles jusqu'à la nuit, il y aura encore de quoi écouler bien du nectar.

abeilles, ou davantage, s'il y a moyen ; car plus il y en a, mieux ça vaut. Pendant qu'elles sucent avec avidité, on les transporte doucement et sans secousses jusqu'à la *Cave*, où l'on dépose le *capeau*, le plus près que l'on peut des nectaires artificiels. Cela fait, il n'y a plus rien à faire : voilà une ruche amorcée. Le reste, les abeilles s'en chargent.

Si l'on veut nourrir plusieurs ruches, il faut répéter l'opération autant de fois et pour chacune ; se gardant bien, cela va sans dire, de présenter le *capeau* aux autres, ou même de laisser traîner du miel ou du nectar autour des ruches ; car une fois amorcée, une ruche l'est pour toujours, et il faudra huit, dix, quinze jours peut-être d'interruption absolue, pour que les abeilles perdent l'habitude de venir à la *Cave* ; ce qui est fort gênant quand on a des observations à faire. Grandes précautions donc sous ce rapport, avec lesquelles on sera sûr, comme il m'est arrivé, de faire jouer la *Cave* toute une année, et, pour ainsi dire à la barbe d'un grand nombre de ruches, sans qu'elles s'en aperçoivent.

Il serait bon aussi de délayer dans un peu d'eau le miel dont on se sert pour amorcer, afin d'en amortir les vapeurs, parfois trop agaçantes , et de ménager la transition entre l'*amorce* et le nectar.

Si l'attention de mes lecteurs n'avait pas l'air de défaillir, je ferais encore quelques recommandations, peu utiles du reste, et que la pratique supplée facilement.

> Sed nos immensum spatiis confecimus æquor :
> Et iam tempus equûm fumantia solvere colla.

Satisfaits d'emporter mon secret, mes lecteurs me permettront volontiers d'aller où je voudrai, me reposer de l'avoir fait si long-temps attendre.

Je reviendrai pourtant, mais pour discourir, cette fois, des utilités de la *Cave*. Car sa facilité et sa promptitude à nourrir les abeilles n'en sont pas le seul mérite. C'est peut-être le moindre des services qu'elle peut rendre entre les mains d'un apiculteur intelligent.

TROISIÈME LETTRE.

8 mars 1868.

Quoique j'aie promis de m'occuper aujour-
d'hui spécialement des utilités de la *Cave*,
et des nombreux services qu'elle peut rendre
entre les mains d'un apiculteur intelligent, je
ne crois pas devoir omettre certains détails
pratiques, qui ont surtout le privilége d'em-
barrasser les opérateurs scrupuleux, et qui ne
seront jamais assez expliqués à leur gré.

Je sais bien que, dans la plupart des cas, il
suffirait de dire à ces âmes timorées : « Allez
donc, ne vous embarrassez pas de ces minuties;
cela réussira tout de même : il n'y a ici d'essentiel que les bocaux et quelques abeilles
pour amorcer. » Mais ce n'est pas tout le
monde qui a l'heureuse bonhomie d'en croire
du premier coup les inventeurs sur parole, et
de prendre pour simple et facile tout ce qui,
leur plaît de décorer de ce nom. Il y en a
toujours qui veulent voir clair; et, comme

4

au fond ils ont raison , descendons avec eux dans quelques détails.

D'abord à quelle distance du rucher faut-il placer la *Cave ?* — C'est indifférent. On peut choisir entre 10 , 20 , 30 , 50 et même 500 mètres , si l'on veut. Chacun doit s'arranger suivant ses convenances et l'emplacement dont il dispose. Seulement , si l'on veut être à la fois apiculteur et observateur , il faut choisir une distance modérée, 40 mètres par exemple, et établir sa *Cave,* autant que possible, à l'est ou à l'ouest du rucher. Voici pourquoi.

Le matin ou le soir , quand le soleil est bas sur l'horizon, et qu'on sait se poster, — c'est-à-dire mettre les abeilles entre soi et le soleil, et les observer une main en visière sur les yeux , — il est incroyable avec quelle lucidité on les suit d'un bout de leur course à l'autre, apercevant distinctement tout ce qui se passe, et découvrant même si quelque étrangère vient furtivement prendre part au festin. En un mot, rien n'échappe.

C'est ainsi que j'ai fait sur leur régime animal une découverte singulière , que je crois devoir noter, malgré une aimable pruderie de la langue française, parce qu'elle est curieuse, totalement inconnue, et qu'elle me servira à relever un des plus répugnants abus de la nutrition à domicile, et à lui porter, si je ne me trompe, le dernier coup.

Les premiers temps qu'on s'occupe des abeilles, à cet âge heureux et poétique où on ne les aperçoit encore qu'à travers le prisme enchanté d'une imagination tout émerveillée, on ne les prend pas seulement pour des êtres aériens, mais presque angéliques et sacrés, et on ne serait pas surpris, mais scandalisé et indigné, si quelque brutal venait tout à coup vous apprendre que ces charmantes petites bêtes font autre chose que distiller le miel et voler sur les fleurs. Je me rappelle même avoir entendu un de ces jeunes apiculteurs, encore dans toute sa ferveur première, répondre fort sèchement à une question indiscrète sur ce point : « Monsieur, les abeilles ingèrent, digèrent, mais n'*exagèrent* rien. »

Pour ma part j'en suis un peu revenu ; et sans parler de cette poussière suspecte que les abeilles se hâtent d'expulser au printemps, et de balayer du vent de leurs ailes, dès qu'un beau jour leur permet de songer à la parfaite propreté de leurs habitations, on pourrait apporter d'autres preuves.

Mais ce que je ne savais pas, ce que personne ne savait non plus , et que la *Cure* m'a appris , c'est qu'outre cette évacuation ordinaire , les abeilles ont encore , pour écouler l'excédant d'eau d'un nectar trop aqueux, une *exagération* purement liquide, qui fonctionne très-souvent de la *Cure* à la ruche , quelquefois même de la ruche à la *Cure*, mais toujours avec beaucoup de grâce. C'est un spectacle vraiment curieux de les voir tamiser en l'air cette petite bruine , qui se dissout souvent d'elle-même, tant elle est légère ; mais qui le plus souvent asperge d'une fine rosée, de gouttelettes presque microscopiques, les légumes, les feuilles d'arbres, le nez, la figure, les habits des observateurs ; sans tacher pourtant, ni laisser la moindre trace, même en séchant . ce qui prouve que ce n'est que de l'eau pure, que les abeilles ont le secret de séparer fort promptement de tout élément sucré , pour ne garder que ce qui convient au miel.

J'ai cherché par tous les moyens à les corriger de cette prétendue mauvaise habitude , qui me paraissait d'abord peu économique, et diminuer d'autant les profits exagérés que j'attendais de la *Cure* ; mais je n'ai pu y réussir. On peut la modérer : la supprimer, jamais. Rare et presque insensible quand le nectar est

bien sucré, elle devient une véritable averse
quand il l'est trop peu : les arbres, le jardi-
nage, tout alors sur le passage des abeilles
finit par être arrosé, et j'estime que, sur les
10 ou 12 hectolitres d'eau que j'ai employés à
faire mon nectar, la moitié au moins a passé
par là. Se figure-t-on, par conséquent, les
beaux effets que doit produire dans une ruche
le répugnant système de la nutrition à domicile, et quelle désastreuse influence doit avoir
sur les abeilles, la cire, le miel, le couvain ,
cette ruisselante et perpétuelle cause d'humi-
dité? Aussi, quand je n'aurais contribué qu'à
proscrire cet indigne usage, extirpé que cette
seule mauvaise habitude , je m'applaudirais
encore démesurément d'avoir inventé la *Cave*;
et personne ne m'arracherait de la tête que
j'aie rendu par là un grand service à l'apiculture.

J'ai aussi cherché à voir si , au retour du
butinage ordinaire , les abeilles éprouvent
quelque chose de semblable; mais je n'ai rien
aperçu , rien du moins que je puisse affirmer ;
car la seule fois qu'il m'a été possible de dou-
ter , j'étais trop loin pour bien voir. J'invite
néanmoins les apiculteurs à y avoir l'œil; car,
il serait vraiment intéressant de constater sur

ce point une différence radicale entre le nectar artificiel et le nectar naturel. Si la différence existe, c'est une preuve que nous ne sommes pas encore arrivés à copier suffisamment la nature, et qu'il faut essayer de nouvelles combinaisons.

J'indique comme étant particulièrement favorables à cette sorte d'observations, les belles matinées de juin et de juillet, quand les abeilles reviennent de la miellée sur les feuilles des grands chênes, etc. Jamais on ne les voit plus distinctement.

La distance du rucher à la *Cave* ainsi mesurée, il faut bien que je m'occupe aussi de ces pauvres apiculteurs qui, n'ayant point de caveau, se désespèrent à la pensée qu'ils n'auront point non plus de *Cave*, et qu'ils vont rester exclus des immenses bienfaits que cette heureuse innovation opérera partout. Qu'ils se consolent, j'ai pensé à eux; et, pour le prouver, voici un système économique de *Cave*, qui peut être employé partout et qui me semble même bien préférable, sous plusieurs rapports, au précédent.

Sur deux piquets plantés en terre, établissez une ou plusieurs traverses superposées, et munies de distance en distance de crochets,

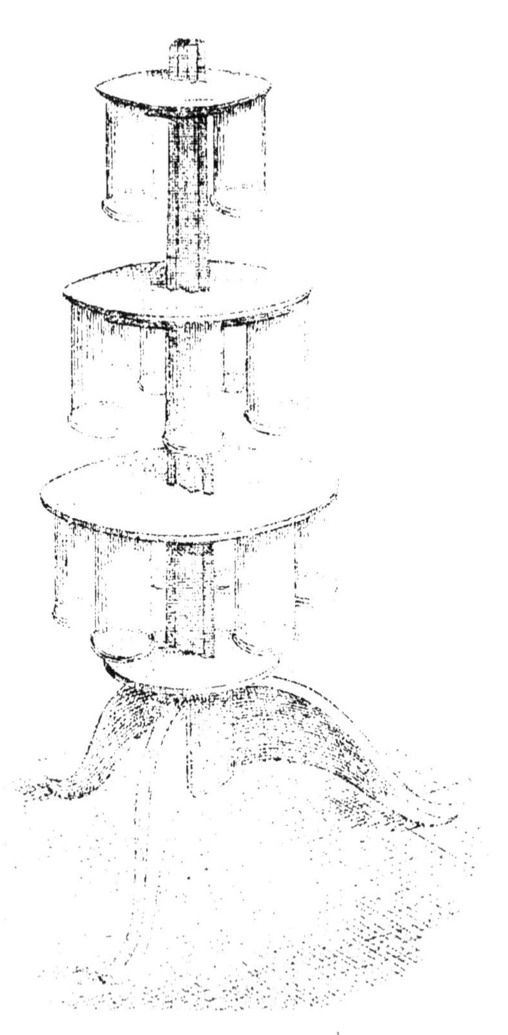

auxquels on suspendra les bocaux renversés, absolument comme des rangées de saucissons. Il faudra, il est vrai, des bocaux particuliers , qui aient un anneau au fond, ou qui soient garnis extérieurement d'un rebord, qui permette de les suspendre dans les échancrures d'une étagère faite exprès, par le système de fermeture dit *à baïonnette :* mais il est facile de s'en procurer. J'ai du reste donné à M. Perrin, de Lyon (rue Thomassin, n° 7), le modèle qui me paraît le plus commode sous tous les rapports.

Voici les nombreux avantages que je trouve à cette *Cave* en plein air.

D'abord , elle peut être établie partout où l'on veut, ce qui est un avantage sur le caveau nécessairement fixe. Car les abeilles , comme nous avons vu, vont à la *Cave* en droite ligne, à peu près à hauteur d'homme , et avec tant d'impétuosité que, quand elles heurtent quelqu'un sur leur passage , c'est avec tant de violence qu'elles en restent quelquefois amorties sur le coup ; ou si elles conservent assez de forces pour continuer leur route , c'est d'une façon si ralentie , et en murmurant un chant de douleur si plaintif , qu'on voit bien qu'elles se sont fait grand mal. Il faut donc éviter de placer la *Cave* de manière à amener la circulation sur une allée ou quelque passage fréquenté ; ce qui est très-facile avec le système que je propose. Ajoutez que les abeilles, quand elles voient un même individu arrêté depuis trop longtemps sur leur passage, se dévouent volontiers pour en débarrasser la voie publique ; et s'il ne faut que deux ou trois piqûres pour le déterminer à partir, elles ne les regretteront pas.

Un autre avantage de la *Cave* en plein air, c'est qu'elle me paraît moins exposée que l'autre aux découvertes des étrangères. L'atmosphère d'un caveau finit à la longue par s'imprégner des émanations du nectar qu'on y entretient, qu'on y distribue continuellement. Il n'est donc pas impossible que quelque abeille vagabonde finisse par y être attirée, et par attirer à son tour toute la bande. Tandis qu'en plein air, les émanations sont continuellement balayées par les vents ; et si on est fidèle à la prescription de ne pas servir trop tôt, et d'attendre le coucher des abeilles, on peut être sûr de faire jouer la *Cave* tant qu'on voudra, sans être découvert.

Mais un autre inconvénient grave qu'on évite, c'est celui-ci. Quand on a un caveau, on est bien tenté par la commodité d'en faire son magasin à provisions ; on y tient le sucre, les ustensiles, tout ce qui sert au nectar. Or , les abeilles ne le visitent guère, il est vrai, pendant le jour ; elles se contentent d'y entretenir deux ou trois espions, pour le surveiller, qui sont toujours là, se relayant de temps en temps, et toujours prêts à partir au premier signal , pour aller annoncer dans la ruche qu'on est servi. Mais, comme elles sont aussi fort régulières, douées d'une excellente mémoire [1], dès que l'heure à laquelle on les a servies la veille est arrivée, les voilà qui arrivent elles-mêmes en grand nombre, affamées, et remplissant tout le caveau du bruit de leur turbulente avidité. Comme on est précisément alors soi-même occupé à prépa-

[1] La régularité des abeilles et leur excellente mémoire m'ont souvent frappé. Elles ne connaissent pas seulement les lieux, mais les heures et les temps, et savent parfaitement les distinguer. Un observateur inexpérimenté qui les rencontre à la campagne, croit qu'elles vont indistinctement sur les fleurs à toute heure du jour. Non, elles ont leurs moments pour chaque espèce de fleur. Elles butinent sur le blé noir dès le matin après la rosée jusque vers midi ; sur le sainfoin, les fleurs de cerisier , de colza , etc. , toute la journée. Elles vont à la miellée (quand il y en a) sur les feuilles de certains arbres , depuis la première aube du jour jusque vers huit heures. C'est leur récolte la plus matinale. Les autres jours elles partent de moins bonne heure , à moins que le temps ne soit très doux et qu'il n'y ait point eu de rosée.

rer le nectar et à remplir les bocaux , il n'est
pas d'importuni és qu'elles n'imaginent pour
vous impatienter, sans malice, je le veux bien ;
mais non pas, certes, sans succès. Car d'a-
bord , il faut qu'elles se mêlent de tout ,
qu'elles président à tout, et autant que possible, qu'elles goûtent de tout. Malheur à vous
si vous leur en laissez le temps ! Car si deux ou
trois, pendant que vous êtes occupé ailleurs,
parviennent à sucer furtivement par-ci par-là
quelques gouttes de nectar échappées, et à les
transporter dans les ruches, ce ne seront pas
seulement des centaines, mais des milliers
d'abeilles endiablées que vous aurez bientôt
sur les bras, et dans un étroit espace où vous
pouvez à peine vous retourner. Il n'y a plus
alors que les courages vraiment forcenés qui
puissent y tenir. On en a sur les mains, sur les
bras , qui vous sucent avec acharnement ;
autour des oreilles, devant les yeux, tout un
un brouillard noir , qui vous murmurent des
paroles de reconnaissance, mais qui vous em-
pêchent en même temps de voir que vingt autres se noient dans un bocal laissé imprudem-
ment ouvert, et qu'il faut les repêcher. On
finit par perdre la tête au milieu de cette confusion, et par précipiter l'opération tant bien

que mal pour sortir enfin de cette galère,
exténué, haletant, tout ruisselant de sueur, et
pourtant toujours accompagné d'un nuage
d'abeilles qui vous empêche de faire le moindre mouvement pour vous soulager. Voilà
quelques-uns des agréments de ce fameux caveau, que certains apiculteurs m'enviaient
tant !

Tandis qu'avec le nouveau système que je
propose, un apiculteur, ou à son défaut, un
domestique, prépare tranquillement les bocaux chez lui ; va, l'heure venue, les suspendre à la *Cave* : regarde un moment en souriant
comment les abeilles accourent et se les disputent, puis retourne à ses affaires : et tout
se passe avec le calme, la tranquillité, la parfaite régularité d'une fermière qui nourrit ses
poules.

Ce n'est pas tout : cette nouvelle disposition
préserve encore les yeux d'un apiculteur d'un
spectacle qui pourrait l'affliger. Quand le
nombre des bocaux n'est pas suffisant, il faut
bien que les abeilles momentanément exclues,
se promènent sur l'étagère, courant éperdû-
ment d'un bocal à l'autre, toujours en quête
du moindre petit coin, du plus petit vide, pour
glisser leur trompe et l'allonger jusqu'au nec-

tar bien-aimé. Mais, dans ces intervalles , comme elles ont déjà le caractère passablement aigri par cette abstinence forcée, pour peu qu'elles rencontrent une compagne qui ne leur revienne pas, ou qui n'ait pas pour elles tous les meilleurs procédés, on peut être sûr qu'il y aura d'abord de gros mots échangés , peut-être même une lutte mortelle engagée , ou tout au moins un tiraillement d'ailes ou de pattes, qui ira quelquefois jusqu'à les démancher : car des paroles aux coups, il y a encore moins de distance chez les abeilles que chez nous.

Le nombre de celles qui périssent dans ces luttes, ou qui en restent estropiées, n'est pas, il est vrai, fort considérable ; il n'est même rien en comparaison de celles qui périraient à la campagne dans un butinage ordinaire. Mais, quelque petit qu'il soit, ne vaut-il pas la peine d'être épargné ? et n'est-ce pas toujours un crève-cœur pour l'âme d'un apiculteur, de voir les funérailles de ses abeilles ?

Avec la *Cave* portative, rien n'est plus facile à éviter. Car elle supprime l'étagère, et, avec l'étagère tout champ de bataille. Les abeilles, n'ayant plus que les nectaires pour s'abattre, seront bien forcées ou de voler ou de sucer ;

et les combats, comme j'ai dit, finiront faute de champ pour les livrer.

Ajouterai-je... et pourquoi pas ? puisque c'est rendre service que de tout dire. Ajouterai-je que la toile dont on se sert pour les nectaires, sont des rondelles découpées dans de vieux draps, de vieilles serviettes, etc., qu'on serre autour des goulots avec un anneau de caoutchouc. C'est plus expéditif. On doit aussi les tremper dans le nectar avant de s'en servir, et les appliquer tantôt d'un côté, tantôt de l'autre, afin que les abeilles les débarrassent elles-mêmes des scories déposées pendant le filtrage.

Ces détails donnés, j'aborde enfin la question des utilités de la *Care* ; et, pour le faire plus consciencieusement, je me recueille : car je ne veux rien laisser filtrer ici qui ressente les calculs d'inventeur, et les exagérations de la complaisance personnelle.

Je ne puis pas pourtant m'empêcher de reconnaître à ma *Care* au moins quatre ou cinq utilités majeures, qui n'ont même rien de commun avec celle que j'ai tant prônée jusqu'ici ; et qui permettra si facilement, on l'a vu, de sauver des milliers de ruches appauvries ou d'essaims tardifs.

Voici, du reste, ces utilités telles que je les exposerai dans la suite :

1° Doubler le travail des abeilles en le prolongeant ;

2° Avancer et multiplier les essaims à volonté ;

3° Permettre de recueillir tout le meilleur miel de la contrée qu'on habite, et de bonifier le reste ;

4° De le parfumer et aromatiser au rhum, à la vanille, etc., comme on voudra ;

5° Enfin, expériences diverses.

Devant cet exposé succinct, mais déjà appétissant, bien des gens sans doute hocheront la tête, en signe d'incrédulité. Qu'ils me permettent aussi de m'engager dès à présent, quoique sans vaine forfanterie, à fournir les preuves qu'ils attendent ; à les appuyer de bonnes raisons, au besoin même d'expériences concluantes, qui auront, j'espère, l'honneur de les convaincre.

Mais auparavant j'ai besoin qu'on me pardonne encore un écart.

On a dû remarquer que j'ai un faible pour MM. les chimistes. Il y a eu en effet par-ci par-là, des mots, des regards presque tendres qui ont bien dû surprendre ces vénérables sa-

vants au milieu de leurs cornues, et leur donner à réfléchir. C'est que réellement j'ai besoin
d'eux pour mon invention, pour la compléter,
pour la couronner, pour la rendre de belle
plus belle encore, et en faire, sinon une des
créations les plus éclatantes et les plus reten-
tissantes de ce siècle, du moins une des plus
utiles, des plus récréatives et des plus bien-
faisantes. Si j'entendais même bien mes intérêts , ce n'est pas seulement pour MM. les
chimistes que je dois avoir ces attentions,
mais pour les distillateurs, les liquoristes ,
je devrais presque pour les simples cuisiniers :
tant ce qu'il me faut est facile, et demande peu
de connaissances théoriques , mais seulement
un peu de dextérité , et surtout beaucoup de
ce bonheur providentiel , qui fait qu'on met
involontairement la main sur ce qu'on ne cher-
chait pas , ainsi qu'il arrive dans toutes les
inventions vraiment utiles.

Voici de quoi il s'agit.

Pour un apiculteur , humanitaire convaincu
comme moi , qui aspire non pas précisément
à mettre royalement la poule au pot du plus
simple ménage , tous les dimanches ; mais
simplement à rendre le miel assez commun ,
au moyen de la *Cave* , pour étaler chaque

dimanche sur la table du plus modeste ouvrier, à quatre ou cinq sous la livre, un beau rayon de miel, bien blanc, bien pur, qui fasse pétiller les jolis petits yeux épanouis, et frotter les mains de toute sa gentille famille, réunie autour de lui avant le *Benedicite*; pour un apiculteur semblable, dis-je, le nectar au sucre est trop cher en France [1], du moins dans un grand nombre d'opérations préliminaires, qui

[1] A moins toutefois que le gouvernement n'établisse, en faveur des apiculteurs, un prix de *Cave* ou de *cantine* pour le sucre, comme pour le tabac. Ils s'en montreraient, je crois, aussi reconnaissants que pressés d'en profiter.

Cependant, même au prix où le sucre est en France, on ne se ruine pas à le faire convertir en miel ou en cire : d'abord, parce qu'avec les abeilles il n'y a jamais rien de perdu ; et qu'elles rendent, en équivalent, tout ce qu'on leur sert. Ensuite parce que si on l'emploie, dans les cas de disette, à nourrir les ruches pauvres, on y gagne au moins le prix des ruches qui périraient sans cela.

Voici du reste sur cette matière importante une expérience qui me parait déjà concluante, quoiqu'elle ait besoin d'être répétée. Le 1er juillet de l'année dernière, j'eus un essaim, et, je crois, en vertu de la *Cave*. Je me hâtai de le loger dans un *bâtis*. On appelle ainsi, en terme du métier, une ruche toute construite, garnie de tous ses rayons, et où la nouvelle colonie n'a aucuns frais de premier établissement à faire. On est sûr, par conséquent, que tout le nectar qu'elle recueille les *premiers jours*, est converti en miel, et ne sert ni à faire de la cire ni à nourrir le couvain, puisqu'il n'en existe point encore.

J'établis donc cet essaim dans un de ces *bâtis*, que m'avait légué une colonie défunte le printemps précédent ; et je le transportai à l'écart dans un endroit solitaire, où je voulais faire des expériences particulières. Je lui construisis une petite *Cave* pour lui tout seul, m'abstenant même de faire jouer la grande, où il avait contracté, dans la ruche-mère, l'habitude d'aller.

Dès que je le vis bien habitué, un des premiers jours, je lui servis, n'exigent rien de délicat, et où les abeilles s'accommoderaient très-volontiers , comme nous verrons dans la suite, d'un nectar beaucoup moins coûteux. Il faudrait donc qu'un chimiste, ou distillateur quelconque, se chargeât d'inventer pour ces opérations un nectar économique, composé autant que possible, de l'espèce de sucre que les abeilles affectionnent le plus, c'est-à-dire de sucre incristallisable ; et qu'il le tirât par conséquent de cette énorme quantité de fruits, sauvages ou autres, qui se perdent en tout pays, et qui n'ont aujourd'hui

vers les six heures du soir, 1 kilog. de cassonnade délayée dans trois ou quatre litres d'eau. Je pesai la ruche avant l'opération, je la pesai encore après, vers les 9 heures du soir, quand tout fut absorbé... Elle pesait trois kilog. de plus !... Je crus ma fortune faite. Trois kilog. de miel obtenus avec un kilog. de cassonnade ! et la perspective de pouvoir le parfumer à mon gré, l'obtenir clair, liquide transparent, tel, en un mot, que les gourmets le savourent ; mais c'était plus que je n'avais rêvé ! — Malheureusement ces bonnes dispositions ne durèrent pas assez. Car ayant encore pesé la ruche dès le lendemain matin, avant la sortie des abeilles, je trouvai déjà une diminution, pour la nuit, de 700 gr., dûe... vraiment je ne sais pas à quoi. Peut-être faut-il accuser l'évaporation, la respiration . etc... Tout ce que je sais, c'est qu'il y eut encore une diminution de 300 gr., dans la journée, malgré le butinage ordinaire, qui ne dut pas rapporter grand'chose, 30 ou 40 gr. tout au plus, tant la campagne était appauvrie ! Enfin j'estime que ce kilog. de cassonnade a donné en définitive 2 kilog. de miel *stable* : ce qui est déjà passable, et prouve que si on ne s'enrichit pas avec une rapidité scandaleuse en abreuvant ses abeilles de torrents d'eau sucrée, du moins on ne s'y ruine pas. Mais qu'arrivera-t-il quand nous aurons le nectar à bon marché ? Je ne réponds plus de rien.

aucune valeur, parce qu'ils n'ont pas encore
trouvé leur utilité et leur destination provi-
dentielle. Voilà ce qu'il nous faut. Voilà ce
qui ramènerait bientôt les beaux jours chan-
tés par le poëte, où, partout sur la terre

> Flumina jam lactis, jam flumina nectaris ibant;
> Flavaque de viridi stillabant ilice mella.

Cet homme, quel qu'il soit, qui fera cette
découverte, et dotera l'humanité d'un pareil
bienfait, je lui vote dès à présent, non pas
une statue, — Voltaire en a, — mais quelque
autre récompense non profanée, s'il en reste,
et pardessus tout l'amour et la reconnaissance
des apiculteurs.

Je ne doute pas, du reste, que cette industrie ne prenne un jour des accroissements
prodigieux, et qu'il ne s'élève bientôt des fa-
briques gigantesques où couleront jour et nuit
des flots de nectar artificiel, distillé à bon
marché; et plus tard, quand sur les longs con-
vois de chemins de fer, on verra passer, à
toute vapeur, vers toutes les directions, d'innombrables rangées de grosses bonbonnes,
aux vastes flancs garnis de paille, majestueu-
sement assises côte à côte, et s'étendant sur
des lignes interminables à perte de vue, on

dira en les voyant passer : C'est pour les apiculteurs ! — Les temps seront bien changés !

Déjà même , en face de ces magnifiques
perspectives de l'avenir , dans les moments
d'enthousiasme et d'exaltation solitaire, mon
âme s'émeut , mon imagination s'échauffe ,
mon cœur s'attendrit, et j'aperçois , à travers
des larmes , briller sur toutes les tables des
pauvres le doux rayon de miel au repas du
dimanche.

Mais , hélas ! bientôt une pensée me glace :
il est si peu respecté , ce saint et bien-aimé
dimanche, par ceux-mêmes qui devraient
donner l'exemple, que je crains bien que ces
vœux ne tardent encore longtemps à s'accom-
plir... Non, l'inventeur prédestiné ne mettra
pas de sitôt la main sur le nectar à bon marché ! Le temps maintenant, avec le génie, tout
est aux armuriers.

Peut-être aussi, et cet espoir ne peut me
quitter , peut-être qu'après nous avoir bien
lavé la tête comme nous méritons , Dieu se
souviendra de ses antiques miséricordes; et
rejetant nous-mêmes loin de nous ce bruit
perpétuel de ferraille qui nous abrutit, nous
nous occuperons un peu de notre âme et de
l'éternité. Peut-être enfin , qu'un jour dans

les villes , le dimanche , on n'entendra plus que le joyeux son des cloches appelant tout le peuple à la prière. et dans les campagnes , le doux murmure des abeilles uni au doux tintement des clochettes dans les prairies, les troupeaux et les abeilles paissant avec unanimité les mêmes plaines fleuries. Oh ! oui , alors ce sera l'ère de la *Care* et du nectar à bon marché !

Mais en attendant, il faut que chaque apiculteur se compose le sien, et utilise pour cela les diverses espèces de fruits qui n'ont pas grande valeur dans la contrée qu'il habite. Ici. ce sera le doux jus des pommes et des poires [1] ; là, le suc des betteraves et des carottes [2] convenablement traité. etc.

[1] Voici d'après M. J. Girardin (*Leçons de chimie élémentaire appliquée aux arts industriels*) la proportion de sucre que contiennent les poires et les pommes bien mûres :

	POMMES.	POIRES.
Eau.	82,20.	83.38.
Sucre.	11,00.	11,52.
Matières diverses.	5,88.	4,60.

On voit qu'il n'y a pas loin de là à la formule donnée par Braconnot pour le nectar des fleurs : et qu'il est facile de réduire le moût de cidre à être absorbé par les abeilles. Avis aux Normands.

[2] J'ai essayé en 1860, autre année funeste à l'apiculture . de nourrir mes abeilles avec du jus de carottes cuit. Elles se le disputaient ; mais, n'ayant pas encore la *Care*, je ne pus en servir qu'une très-petite quantité. Il est vrai que je l'avais fait cuire avec l'eau qui m'avait servi à laver des rayons d'où j'avais exprimé le miel.

J'ai essayé le sirop de glucose, ou sucre de fécule. et j'en ai fait absorber à mes abeilles 50 kilogrammes, délayés dans de l'eau. Il donne un miel très-original, un peu aigrelet , liquide comme de l'eau quand il est frais, et d'une saveur très-agréable au goût de certaines personnes. Mais il n'est pas toujours économique. Son prix dépend de celui des pommes de terre ; et, quand il se fige, il produit dans la masse des filons de glucose farineux, qui en rendent l'aspect moins agréable.

Enfin , tout sirop , de quelque extraction qu'il soit , qui contiendra à peu près les mêmes proportions de sucre qu'une prune bien mûre , ou un raisin bien doux, sera le nectar demandé, s'il est économique. Tout le monde a pu voir , en effet , avec quelle friandise les abeilles butinent l'un et l'autre, toutes les fois qu'elles les rencontrent.

Nous verrons dans un prochain numéro, quel usage il faut faire de ce nectar à bon marché pour obtenir les quatre utilités de la *Cave*.

QUATRIÈME LETTRE.

25 avril 1868.

UTILITÉS DE LA *Cave*. — La première utilité de la *Cave*, avons-nous dit, est d'*augmenter* encore le *travail des abeilles*, et d'en redoubler l'ardeur aussi bien que la durée.

Ce point mérite d'autant plus confirmation qu'il contredit plus ouvertement l'opinion de certains apiculteurs méticuleux, qui, peu familiarisés avec les mœurs des abeilles et les nobles sentiments qui les font travailler, s'imaginent que toute nutrition artificielle va les rendre paresseuses, émousser du moins cette pointe d'énergie et cette rustique vigueur, qui, à l'état libre, les emporte si vaillamment, par monts et par vaux, à la conquête du vivre de chaque jour. La *Cave* ne serait donc, pour ces infatigables travailleuses, qu'une espèce de petite Capoue, où viendrait s'amollir leur vertu et se détremper leur courage.

Vraiment s'il ne s'agissait ici que de la nutrition à domicile, j'avoue que je n'en suis pas assez partisan pour la défendre, même contre des agressions injustes. Je protesterais néanmoins tout bas, et en mon particulier; car je l'ai assez pratiquée pour savoir qu'elle n'a pas cet inconvénient, et que, si elle a d'autres défauts, elle n'a pas du moins celui de rendre les abeilles paresseuses. Elle les rend au contraire plus laborieuses et plus avides : car elle provoque la ponte de la mère, et le convain, c'est pour les abeilles l'intérêt suprême, le stimulant par excellence de tout travail. Travailler pour devenir un peuple nombreux, vouloir être un peuple nombreux pour accroître encore et multiplier le travail, telle est en effet la loi fondamentale de ces petites républiques, et le retentissement lointain parmi elles du fameux *Crescite et multiplicamini, et replete terram*, base de toute sage économie politique. C'est aussi la leçon qu'elles nous donnent, et le salutaire exemple qu'elles étalent avec ingénuité sous nos yeux, où les vrais principes sont si souvent méconnus, et indignement profanés par les odieux calculs de l'égoïsme et de la perversité humaine.

Mais si la nutrition à domicile, dans sa chétive et restreinte mesure, provoque déjà l'ac-

tivité des abeilles , que ne fera pas la *Cave* ,
imitation grandiose de la nature , et qui peut
ressusciter si facilement à son gré toutes les
ressources du printemps ? J'affirme qu'elle en
ressuscite l'ardeur aussi bien que l'opulence.
Non, à aucune époque de l'année, pas même
en pleine floraison des colzas, je n'ai vu activité pareille à celle qu'allume tout à coup la
Cave dans un rucher, par les belles soirées
du mois de juillet ou du mois d'août. Cinq,
six, sept abeilles s'abattent à la fois sur le
plateau des ruches, même les moins peuplées;
toutes avec cet air empressé, affairé, qui ne
veut rien voir, rien entendre, uniquement
préoccupées de se frayer un passage, le plus
tôt possible, à travers cette multitude qui em-
combre l'entrée, et où toutes sont également
pressées ou de rentrer ou de sortir. J'en ai fait
la description, je n'y reviendrai pas : elle n'a
rien d'exagéré, et quiconque l'aurait prise pour
une amplification de collége, se serait fière-
ment trompé; car je n'ai peint que mes sou-
venirs.

Encore, n'est-ce pas seulement à la *Cave*
que s'exerce cette activité, mais à la campagne. Car à peine a-t-on servi , et quelques
abeilles sont-elles revenues gorgées des bo-

caux, que des ruches, où tout était immobile, plusieurs s'élancent dans les champs, pour reparaître bientôt après chargées de pollen : preuve que ce surcroît de bonne volonté ne leur a pas nui, puisqu'il leur a fait découvrir ce qui avait échappé à toutes les recherches de la journée.

Mais ce qu'on aura peine à croire, et qui est vrai cependant, c'est qu'on peut tenir la *Cave* continuellement servie, sans nuire à la récolte de la campagne. Car, dès que les abeilles s'aperçoivent que l'heure de butiner les fleurs est venue, elles désertent presque toutes la *Cave* pour ce nectar préféré, sauf à y revenir dès que celui-ci sera épuisé. Voilà pour l'intensité du travail.

Quant à son augmentation en durée, je crois qu'on peut la porter à cinq ou six heures par jour, sans exagération. Je ne parle pas, bien entendu, de ces époques de grande abondance et de grande cueillette, où les abeilles trouvent à la campagne de quoi s'occuper toute la journée. Mais je parle principalement de cette morte saison qui dure plus ou moins, selon les pays, depuis le mois de juillet jusqu'au milieu du mois d'août ; et je soutiens qu'on peut alors les faire travailler cinq ou six

heures de plus par jour, sans crainte d'être
découvert. Car on les sert, comme nous avons
vu, vers les quatre ou cinq heures du soir :
elles travaillent jusqu'à nuit close. Le lendemain, s'il est resté quelque chose dans
les bocaux, elles se hâtent d'y retourner dès
que le jour pointe, et travaillent encore deux
ou trois heures, pendant que celles qui ne sont
pas amorcées, dorment la grasse matinée.

Il est incroyable quelle énorme quantité de
nectar on peut écouler en ces cinq ou six
heures de travail supplémentaire, avec un
nombre convenable de bocaux. L'année dernière, je n'en ai jamais eu que 9 ou 10, d'une
contenance de 15 litres environ, nombre tout
à fait insuffisant pour les 14 ruches que j'avais
fini par appeler à la *Cave*, moins, il est vrai,
dans l'intention de les nourrir, que d'essayer
diverses expériences. Malgré cela, j'écoulais
facilement 25 ou 30 litres de nectar par jour ;
et si j'avais voulu doubler, tripler même le
nombre des bocaux, pour mettre la surface de
succion, en rapport avec le nombre des abeilles qui accouraient, nul doute que je n'eusse
pu doubler et tripler cette quantité. Qu'on
juge après cela de ce que nous pourrons faire,
quand nous aurons le nectar à bon marché.

II.

AVANCER ET MULTIPLIER LES ESSAIMS.

Rien de plus capricieux en apparence que l'essaimage ; rien pourtant qui suive des lois plus fixes et des principes plus arrêtés. Le tout est de les connaître, et de pouvoir les favoriser. C'est ce que permet admirablement la *Cure*.

Si on s'en rapporte aux maîtres les plus autorisés de la science apicole contemporaine, à la tête de laquelle je puis bien faire figurer M. l'abbé Colin [1] et M. Hamet, professeur au Luxembourg, l'essaimage dépend essentiellement de deux causes : de l'état de la *population* et des *provisions* au printemps. Toute ruche bien peuplée et bien approvisionnée, est une ruche qui essaimera plutôt deux fois qu'une, et de bonne heure. C'est une règle

[1] (Voir *Guide du propriétaire d'abeilles*, par M. l'abbé Collin, chanoine de N.-D. de Bon Secours à Nancy). Un apiculteur novice ne saurait trop s'inspirer des vrais principes admirablement condensés dans ce petit livre : ils lui épargneront bien de fausses démarches. Ce qui me plait aussi dans les deux auteurs cités plus haut, c'est leur bon sens pratique, ennemi de toute exagération, de tout système de ruches compliqué, coûteux. Simplicité et Economie, voilà deux Astrées qui, chassées de partout sur la terre, doivent trouver un refuge parmi les apiculteurs.

générale qui se vérifie au moins 18 fois sur 20.

Or, n'avons-nous pas vu avec quelle facilité et quelle promptitude la *Cave* peut approvisionner une ruche ?

Son efficacité sur la population n'est pas moindre ; et si j'osais m'en rapporter aux expériences faites l'année dernière, je dirais qu'elle est beaucoup plus grande. Car j'ai eu quelquefois des inquiétudes sur la lenteur que mettaient certaines ruches à s'appesantir ; je trouvais que le nectar coulait beaucoup plus vite que le miel n'augmentait. Mais lorsque je vis au mois de juillet, contre l'habitude, des rayons entiers couverts sur les deux faces de larges plaques de couvain operculé ; et bientôt d'énormes *barbes* s'étaler sur le devant des ruches, et pendre jusqu'à terre en gigantesques raisins, je commençai à me rassurer, et à croire que si tous ces flots de nectar n'étaient pas allés combler les vides et crever les magasins, ils avaient été du moins plus utilement employés peut-être à créer une forte population.

Cet accroissement me parut même marcher si vite, que j'en conçus un moment une ambition, certes, bien nouvelle et bien hardie dans l'histoire de l'apiculture : celle de ressusciter l'esssaimage et d'en renouveler l'époque, plus d'un mois après que la première avait passé. Quoique cet essai n'ait pas abouti, faute de persévérance, qu'on me permette pourtant d'en dire un mot et d'en signaler au moins les plus notables résultats.

Dès le 28 mai, j'avais vu commencer dans une ruche la guerre d'extermination contre les bourdons, tant la saison était mauvaise et la pénurie de la campagne complète ! Néanmoins, vers le 20 juillet, un mois et demi après l'inauguration de la *Cave*, je constatai une telle animation dans mes ruches, que je résolus d'essayer si, en forçant un peu, je ne pourrais pas ressusciter l'essaimage. Mettant donc de côté toute prudence, et me dévouant tête baissée au péril évident d'être découvert par toutes les abeilles du voisinage, je commençai à la *Cave* un feu roulant, que je poursuivis sans interruption du 20 au 30 juillet, servant tous les jours et toute la journée, 30, 40, quelquefois même 50 litres, en un mot tout ce que les abeilles pouvaient absorber avec 9 bocaux. J'arrivai ainsi à distribuer près de 4 hectolitres en 10 jours. Tout marchait à l'avenant : déjà on entendait dans les ruches ce ronflement aigu et puissant, signe d'une population qui ne peut plus se contenir, et présage presque certain de la prochaine sortie d'un essaim; quand, tout à coup, le temps qui avait été beau se gâta; la fatigue me prit; d'autres préoccupations survinrent; mon budget, qui n'est pas illimité (comme se le figurent peut-être certaines gens), mon budget, dis-je, s'écoulait à vue d'œil; bref, je me décourageai, et je m'en repens: car si j'avais réussi, quels beaux exemples à citer, au lieu de raisonner, ce qui est toujours moins éloquent! Je n'en crois pas moins à la rapide multiplication des abeilles par la *Care* : c'est l'important.

J'attribue cette rapide multiplication à deux causes. La première, très-efficace quoique négative, est qu'il en périt incomparablement moins à ce butinage facile qu'à la campagne, et ceux qui ont lu dans M. l'abbé Collin (p. 17) les effroyables ravages exercés par les mille périls qu'elles y rencontrent, n'auront pas de peine à regarder, comme moi, cette cause comme très-influente.

La seconde, plus efficace encore, est qu'avec la *Care*, on peut servir aux abeilles précisément l'espèce de nourriture qui favorise le plus la ponte de la reine. Car « la ponte de la » mère, dit excellemment M. l'abbé Collin,

» est toujours proportionnée à l'abondance du
» miel et à la force de la colonie. » « A la force
» de la colonie, » sans doute parce que l'affluence du miel dans une ruche en dépend.
Tout reviendrait donc en dernière analyse, à
dire que la ponte de la mère est proportionnée
à l'abondance du miel. Or, s'il m'était permis
de modifier encore cette dernière proposition
et de la rendre plus exacte, je dirais que la
fécondité de la mère correspond, non pas tant
à l'abondance du miel en général, qu'à l'abondance du nectar liquide et frais, qui se prête
beaucoup mieux au mélange que les abeilles
en font avec le pollen, et à la confection de
cette *bouillie*, véritable thermomètre de la
multiplication du couvain, comme elle en est
l'unique nourriture. De là vient, si je ne me
trompe, que les printemps humides et chauds
donnent beaucoup d'essaims; tandis que les
printemps secs n'en donnent que très-peu ou
presque point. Par ce que les premiers produisent beaucoup de pollen et de nectar très-
liquide, tandis que les seconds produisent,
il est vrai, beaucoup de miel, mais un miel
épais et gluant, qui se prête difficilement à la
composition de la bouillie. N'est-il pas naturel de conclure, par conséquent, que la *Cave*,

qui peut faire couler à flots illimités le nectar le plus liquide, et contenir même, si on veut, une provision de pollen *surrogat* [1], favorisera l'essaimage dans la même proportion ?

Cette théorie, du reste, sera bientôt ou vérifiée ou confondue par les faits : car j'ai appliqué uniquement à l'examen de cette question l'exercice de la *Cave,* inaugurée cette année le 27 février. Malheureusement, jusqu'ici (28 avril), le temps n'a guère été favorable. Espérons que Dieu le changera.

Pour rendre l'expérience plus concluante et plus décisive, j'ai choisi les trois colonies les plus pauvres et les moins peuplées de mon rucher [2]. Trois autres se sont amorcées spon-

[1] On appelle ainsi la farine de haricots, pois, lentilles et autres légumineuses, dont les abeilles se servent quelquefois comme pollen, faute de mieux.

[2] Quelques apiculteurs avisés ont eu la bonté de me demander, ce printemps, des nouvelles de mes abeilles, et de s'informer comment elles avaient passé l'hiver. C'est une précaution qui fait au moins autant d'honneur à leur prudence qu'à leur bon cœur ; car il n'y a que l'expérience qui puisse consacrer les théories même les mieux conçues. — J'ai eu le plaisir de leur répondre que tout allait pour le mieux ; que les abeilles sont nombreuses, vives, alertes, toutes luisantes de santé. Le *miel de sucre* (c'était ma seule préoccupation véritablement sérieuse) s'est conservé très-liquide dans les rayons.

tanément, sans doute par réminiscence Je les
en crois du moins bien capables [1].

sans aucune cristallisation (*a*). Enfin sur 16 ruches , aucune n'a péri.
C'est la première fois que cela m'arrive , même sur un moindre
nombre et à la suite des saisons les plus favorables. La *Cave* a donc
noblement fourni sa première épreuve décisive. — Malheureusement
il n'en est pas de même des apiculteurs , mes confrères. Parmi ceux
dont j'ai des nouvelles , la plupart ont perdu les 2/3 , d'autres les 3/4
quelques-uns même les 8/9 de leurs ruches, « Sur 49 essaims , m'écrit
» l'un d'eux , j'en ai perdu 15 pendant cet hiver. : et si , au printemps
» je ne m'étais pas hâté de recourir à la *Cave* , 15 autres au moins y
» auraient encore passé. » Mais le plus maltraité de tous , à ma connaissance , est un vénérable curé des environs de Genève , le modèle
des apiculteurs. qui a perdu cet hiver 120 ruches sur 150, de faim.
Quel amer désastre, surtout à la veille de l'apparition de la *Cave* ,
dans un pays où le sucre est à si bon marché, et pour un vénérable
apiculteur qui faisait un si bon emploi de ses profits, entretenant,
m'a-t-on dit. deux frères des Écoles chrétiennes dans sa paroisse
avec le produit de ses abeilles.

[1] Il n'est pas aussi facile au printemps qu'en été de faire jouer la
Cave sans être découvert. Car on est obligé par la fraicheur des
matinées et des soirées. de servir en plein midi , c'est-à-dire à
l'heure où toutes les abeilles sont en campagne ; et comme il n'y a
pas encore beaucoup de fleurs pour les attirer. et qu'elles ont l'odorat
aiguisé par une abstinence de plusieurs mois, il n'est pas étonnant
que, rôdant un peu partout. elles finissent par découvrir ce qu'un
pauvre apiculteur voulait tant leur cacher. Avec un peu d'expérience
pourtant on y parvient: jusqu'ici aucune étrangère n'a visité ma *Cave*.
Ceux qui ont été moins heureux, feront bien, s'ils ne sont pas très-
charitables, d'interrompre pendant douze ou quinze jours, et d'amorcer à nouveau. S'il y a urgence de nourrir des ruches aux abois,
qu'ils se résignent à partager avec leurs confrères. ou qu'ils s'enten-
dent avec eux pour établir une *Cave* commune, dont ils se répartiront
les frais.

(a) Ce fait est d'autant plus remarquable, que le même miel, coul
et mis en pots au mois de septembre. a pris en *trois ou quatre jours*.

III

RÉCOLTER TOUT LE MEILLEUR MIEL DE LA CONTRÉE QU'ON HABITE , ET BONIFIER LE RESTE.

Pour apprécier ce nouveau bienfait de la *Cave*, il faut savoir que toutes les fleurs ne donnent pas , tant s'en faut , le même miel; qu'on peut en récolter partout de bon , d'exquis ou de médiocre, suivant la floraison qui le donne et l'époque qui le produit.

Malheureusement, jusqu'ici les apiculteurs n'avaient aucun moyen d'établir un choix, et de forcer les abeilles à un partage équitable, fondé sur les considérations de dignité personnelle. Ils se contentaient modestement de ce que le hasard ou le caprice des coïncidences voulaient bien leur laisser, et se trouvaient fort heureux quand ils obtenaient une honnête médiocrité. A part certaines contrées où dominent quelques floraisons prépondé-

---

figeant *en beurre* et très-dur ; tandis que celui que j'ai conservé en rayons, est encore aussi liquide que s'il sortait de la ruche. Le miel ordinaire de ce pays fige aussi *en beurre*, mais cinq ou six semaines seulement après avoir été coulé et mis en pots ; en rayons, il fige au contraire beaucoup plus vite que le miel de sucre. C'est là, je le répète, un fait remarquable, et qui demande attention. Les liqueurs que j'avais mêlées au nectar y seraient-elles pour quelque chose ?

rantes, comme bruyères, sainfoin, colza, blé noir, etc., personne même ne savait la provenance exacte du miel qu'il mangeait; et on se persuadait bonnement que ce devait être un mélange ou une espèce de résultante de toutes les fleurs du pays.

Mais qui a jamais pu se flatter d'avoir goûté ce miel exquis que donnent les fleurs les plus suaves et les plus printannières de nos climats, amandiers, pêchers, abricotiers, pommiers, cerisiers, pruniers, etc.? Tout ce nectar délicat, distillé dans le calice des plus belles fleurs, par les premiers feux d'un soleil rajeuni, n'allait-il pas invariablement composer pour le couvain une vulgaire bouillie, ou servir de pâture à d'innombrables volées de bourdons stupides et paresseux, qui semblent faits tout exprès pour dévorer au printemps ce que les abeilles récoltent de meilleur? Tandis que l'apiculteur attendait patiemment que tout ce monde fût servi pour savoir s'il lui resterait quelque chose. Etait-ce là une position tenable, et digne de la majesté de ce roi de la création, qui doit avoir en toutes choses, et de droit divin, le dessus du panier?

Heureusement que la *Cave* va y mettre bon ordre, nous permettre de faire un choix, et de prélever pour nos tables tout ce qui paraîtra digne d'y figurer. Pour comble de piquant, ce sont les abeilles elles-mêmes qui feront la répartition , et qui se chargeront, malgré qu'elles en aient, ou plutôt sans qu'elles s'en doutent, de nous réserver tout le meilleur.

Pour comprendre comment on procède, il faut savoir un principe que je tiens de M. Baudé, apiculteur distingué à Lyon, et que j'ai toujours trouvé véritable dans la pratique. C'est que des abeilles établies dans une ruche, ne songent à monter dans la hausse vide ou *capeau* qu'on ajoute par-dessus, qu'autant qu'elles ont rempli, de miel ou de couvain , toute la ruche inférieure. On aura beau les provoquer par des *greffes*, ou rayons suspendus d'avance, comme le veulent certains apiculteurs; rien n'y fera. Elles se riront de toutes ces agaceries intempestives, et n'en tiendront absolument aucun compte. Mais dès que la ruche inférieure sera pleine, *s'il reste encore beaucoup à butiner dans la campagne*, soyez sûr qu'elles monteront [1] d'elles-mêmes sans se faire prier, et qu'elles jetteront les fonde-

---

[1] On s'en aperçoit, *dès le premier jour*, à une petite *barbe* qui se forme à l'entrée de la ruche ; et si on applique l'oreille sur le *capeau*, au bruit que font mille petites pattes grattant à l'intérieur.

ments de ces incomparables rayons dorés ,
absolument nets de toute trace de couvain ,
qui font l'orgueil et la joie des apiculteurs.

Ce principe connu, voici comment on opère.
Dès qu'on voit approcher la floraison choisie
dont on convoite les produits (deux ou trois
semaines d'avance, par exemple), on commence à surveiller ses ruches et à les conduire. Celles qui sont déjà lourdes et paraissent
presque pleines, on les laisse marcher toutes
seules, sans s'en mêler. Celles au contraire
dont la légèreté accuse encore les vides, on se
hâte de les mener vivement , les inondant
chaque jour de torrents de nectar à bon marché, et faisant feu sur elles de tous les bocaux
de la *Cave* : jusqu'à ce qu'enfin, à la première
apparition des fleurs qu'on attend, elles soient
prêtes à travailler dans les *capeaux*. Ces fleurs
venues, on calotte [1] toutes ses ruches ; on leur
donne encore une ou deux vives impulsions
au moyen de la *Cave*, et on abandonne tout à
la grâce de Dieu.

Deux ou trois semaines après , si le temps

[1] C'est-à-dire, on applique par-dessus, en calfeutrant bien, de petites ruches, ou *hausses*, ou *capeaux*, ou *calottes*, ou *chapiteaux*
suivant les pays. Je me sers de la ruche à calotte, à dôme presque
plat. C'est, à mon avis, la meilleure, la plus simple, la plus commode
pour toutes les opérations.

a été beau et favorable à la cueillette, apiculteurs, préparez votre âme à une grande joie.
Car vous sentirez, d'abord en soulevant vos
capeaux, puis à la vue, une de ces émotions
qu'on ne saurait décrire, et qui perpétueront,
j'en suis sûr, jusqu'à la fin des siècles, l'amour
de l'apiculture. Vous verrez en effet appa-
raître, d'abord sous une épaisse couche noire
d'abeilles agitées et frémissantes, quelques
lueurs de ces magnifiques rayons dorés. Jetez
vite une bouffée de fumée, et bravant la
fureur de ces pauvres petites bêtes qui se
désolent, s'irritent, étreignent une dernière
fois leurs rayons, mais se retirent déconcer-
tées, renversez audacieusement le capeau en
plein soleil. Vous contemplerez alors dans
tout leur éclat ces beaux rayons jaunes, gros,
gras, larges, pesants, mais si frais, si délicats,
si bien gonflés de miel, qu'on ne peut les toucher sans les flétrir, et faire jaillir aussitôt
des gouttelettes d'un nectar limpide, onctueux
et chaud, dont la liqueur rose transpire à travers la mince enveloppe de cire qui le contient.
Constructions vraiment merveilleuses, qu'on
ne sait comment admirer assez, tant il y là de
fraîcheur, d'exquise propreté, d'exacte symé-
trie, de parfaite régularité, d'extrème et pour-

tant très-solide fragilité. Non , la table des rois n'a rien de comparable, et toute industrie humaine en reste humiliée : car c'est l'œuvre de milliers d'abeilles travaillant ensemble dans la plus parfaite obscurité. Et Dieu qui nous les donne , Dieu qui leur a si bien appris leur métier, mais rien que leur métier, n'existe pas ! disent d'affreux sophistes.

Bien entendu que , pour obtenir de pareils triomphes, il faut s'attaquer à des floraisons considérables, produisant des fleurs à millions et durant plusieurs semaines. Car prétendre recueillir le miel de quelques arbres de fantaisie, et remplir ses capeaux avec le produit de quelques fleurs végétant dans un parterre , ne serait-ce pas une ingénuité presque parisienne , et pour un apiculteur donner une idée par trop forte de sa naïveté ? Il y faut de grandes cultures , de vastes prairies , des champs entiers de sainfoin , des collines toutes couvertes de thym , de lavande, de serpolet, de romarin etc. Que le premier soin d'un apiculteur intelligent soit donc de connaître, au moins en gros, la flore de son pays, le calendrier de cette flore, et les fleurs réputées donner le meilleur miel[1] .

---

1 Les *labiées* (sauge , romarin , hysope , mélisse , thym , serpolet,

Si on habite une contrée qui n'ait pas d'autre floraison considérable que celle de la bruyère, du blé noir, etc. , on peut en améliorer singulièrement les produits, en entretenant à la *Cave*, tout le temps de la cueillette , quelques bocaux d'un nectar parfumé, ou simplement relevé par quelques gouttes d'eau-de-vie, ou autres liqueurs [1] . Rien n'égale l'avidité des abeilles pour ce nectar généreux , dont elles ressentent bientôt les effets ; car la température s'élève dans les ruches, le nombre des *ventilatrices* est plus que doublé, un bruissement aigu et profond se déclare, et plusieurs ouvrières inoccupées sortent pour aller se pendre à la *barbe*, qui croît rapidement. Peut-être pourra-t-on profiter de cet expédient pour déterminer au printemps la sortie de quelques essaims toujours hésitants.

lavande, sarriette) , passent pour donner un miel exquis, parfumé; et très-aromatique ; la bruyère au contraire, le blé noir, un miel abondant , mais commun ; le sainfoin, un miel tout à la fois délicieux et très-abondant.

2 C'est ainsi que j'ai notablement amélioré en automne le miel recueilli sur le blé noir. Il a perdu cet arrière-goût fade qui le rend désagréable.

IV.

PARFUMER LE MIEL AU RHUM, A LA VANILLE,
A L'ESSENCE QU'ON VOUDRA.

Je commence par déclarer que mes premières tentatives, sous ce rapport, ont complétement échoué, et que je n'ai presque à raconter ici que des déceptions. Non pas qu'il soit impossible, ni même difficile de réussir; mais parce que je m'y suis mal pris, et que j'ai donné en plein dans un écueil très-voisin de la curiosité, qui est l'intempérance de tout savoir et de tout essayer à la fois. Il fallait se borner, n'essayer qu'une seule essence, et , par économie, n'opérer que sur des ruches *travaillant dans les copeaux*. J'ai précisément fait tout le contraire. De là des erreurs, dont j'espère que le loyal et franc aveu sera peut-être plus utile à des apiculteurs qu'un succès : c'est ce qui me donne le courage de les confesser.

J'employai, pour parfumer mon nectar , d'abord deux bouteilles de rhum, puis deux bouteilles d'eau de fleur d'orange, et quelques bocaux préparés à la vanille. Je servis tout successivement, mais à de trop courts intervalles. J'espérais (à vrai dire, sans trop y compter) que les abeilles, en retour de tant de libéralités parfois coûteuses, s'intéresseraient au succès de mes expériences, emmagasineraient tout avec un certain ordre, et me ménageraient à la fin l'agréable surprise de reconnaître mes divers arômes. Il n'en fut rien. Tout a été confondu, et j'ai recueilli un miel excellent, très-savoureux, parfumé même et exhalant quand on le découvre un nuage suavement odorant, mais où il m'a été impossible de reconnaître aucune des odeurs ou des saveurs préparées. Il y a eu combinaison, mélange, annulation réciproque, enfin tout, excepté un succès. Quelques flatteurs ont bien essayé de me persuader qu'ils avaient perçu, par-ci par-là, l'un une fine pointe de rhum, l'autre un arrière-goût de vanille ; mais je ne m'y suis point laissé prendre : ils étaient mes commensaux, et du reste gens pleins de politesse et de bons procédés. J'aime mieux déclarer un insuccès complet, avec la réserve expresse toutefois que je n'en crois pas moins à la possibilité, et même à la facilité de réussir, pourvu qu'on suive un chemin diamétralement opposé au mien, et qu'on évite soigneusement celui que j'ai si lumineusement tracé par mes erreurs.

Si je me sentais plus à l'aise pour donner des conseils sur un terrain où je me suis si lourdement trompé, j'indiquerais comme étant particulièrement convenables pour aromatiser le nectar · 1° le benjoin, la térébenthine ; 2° les essences de thym, de citron, de romarin, etc. mais une seule à la fois. — C'est du moins la recette que m'a donnée un excellent homme , très-expert dans cette partie.

V.

EXPÉRIENCES DIVERSES.

Il me semble qu'on peut en faire avec la *Cave* un très-grand nombre, impossibles sans cela ; et résoudre ainsi une multitude de questions très-intéressantes. Je n'en citerai qu'un exemple, laissant le reste à la perspicacité des apiculteurs, qui ne manqueront pas de s'exercer sur ce sujet avec leur fertilité d'esprit ordinaire.

On discute beaucoup en ce moment (V. *l'Apiculteur*, mars et avril 1868) quel est le rapport du miel à la cire, et combien il faut aux abeilles de l'un pour produire l'autre[1]. C'est une

---

1 Tout le monde sait , ou doit savoir , qu'il n'y a pas plus de différence entre le miel et la cire qu'entre la mie et la croûte du pain. Ils

question très-importante, qui va le devenir bien davantage; et qui ne sera pourtant jamais résolue, ce me semble, que par la *Cave*. Car on ne sera pas obligé, comme par le passé, d'opérer sur des abeilles captives, c'est-à-dire retenues dans un état violent, et contre nature, qui doit autant vicier les résultats de l'opération qu'il en change les conditions naturelles. Qui ne sait en effet que des abeilles prisonnières, et tourmentées de leur état, consomment incomparablement plus pour elles-mêmes, sans profit pour la cire, qu'à l'état libre [1]?

Cette question, très-importante, ai-je dit, va le devenir bien davantage. Car s'il est vrai, comme l'affirme M. Collin (p. 47), que la cire

sont faits l'un et l'autre d'une même *pâte* primitive, le nectar seulement la cire a cuit plus longtemps dans l'estomac de l'abeille, et en est sortie en petites lamelles blanches, comme des paillettes de talc, sous les anneaux de l'abdomen. Qu'on ne nous dise donc plus en voyant les abeilles rapporter du pollen jaune, qu'elles *reviennent chargées de cire*. C'est trop primitif.

[1] Je concevrais une séquestration momentanée, dont les abeilles s'apercevraient à peine, par exemple, d'un essaim transporté aussitôt que né dans une obscurité complète, où il se croirait en véritable nuit. On le pèserait avant, on le pèserait vingt-quatre heures après, et la cire qu'il aurait faite, séparément. Peut-être obtiendrait-on par là une assez grande approximation, surtout si on tenait compte de la perte par évaporation et par respiration, qui ne serait pas grande dans ces circonstances.

ne coûte pas beaucoup aux abeilles, « et
« qu'avec une certaine quantité de miel, elles
« peuvent produire une égale quantité de
« cire, » qui ne voit les magnifiques perspectives qui s'ouvrent sur l'avenir, et les fabuleux
profits qui résulteront de cette conversion , si
facile au moyen de la *Cane*, si lucrative vu la
différence des prix ! Surtout, si comme l'a
prouvé F. Hubert , et plus récemment MM.
Dumas et Milne-Edwards, les abeilles nourries
au sucre donnent plus de cire qu'avec le nectar ordinaire [1].

Je ne me suis jamais occupé de rechercher
ce rapport, mais j'ai recueilli avec beaucoup
de soin la cire qui provenait *certainement* du
nectar au sucre : et je l'ai fait fondre, purifier,
couler en brique. Il en est résulté un échantillon assez gros, et si beau , d'un grain si fin,
d'une couleur jaune orange , avec teinte ver-
meille , si éclatante , que si je l'eusse cru, ce
charmant échantillon , il eût pris sans hésiter
le chemin de l'Institut, uniquement pour se
faire voir [2]. Mais non, il y avait une rancune à

1 Je n'attache pas, il est vrai, à ces expériences plus d'importance
que n'en mérite la manière dont elles ont été faites. Mais enfin si elles
ne prouvent pas infailliblement pour moi, elles prouvent encore moins
contre.

2 Elle est peut-être un peu plus cassante que la cire ordinaire, sans

satisfaire, il n'ira pas ; et les abeilles, quoique race ennemie, vengeront cette fois l'insulte faite aux *Araignées*. Peut-être le garderai-je, avec la *Cave*, pour la prochaine Exposition au Palais de l'Industrie, qui menace d'être magnifique et de soulever encore tous les curieux de la terre… en apiculture. Puisse-t-elle être aussi utile que belle, et contribuer à relever cet art charmant, qui n'occupe pas encore dans le monde la place qu'il mérite !

Il me semble avoir épuisé, sinon les mérites de la *Cave*, du moins la promesse que j'avais faite de les vanter, et d'en convaincre les plus incrédules. Il me reste à conclure. Que ne puis-je auparavant faire appel aux apiculteurs, et leur déclarer franchement ce que je pense ! Prenant une attitude modeste sans doute, mais pourtant convaincue : Voyez-vous, leur dirais-je, cet instrument, aussi vulgaire de nom que d'apparence ? C'était peut-être le seul qui manquât encore à la perfection du bel art que vous cultivez. Il avait déjà, je le sais, ses joies, ses enivrements, mais aussi ses déboires ; ses

doute à cause des liqueurs que j'avais mêlées au nectar. Mais pour l'éclat, la beauté, la finesse, il n'y a aucune comparaison à établir, du moins avec celle qu'on récolte en ce pays.

succès, ses triomphes, mais aussi ses re-
vers et, trop souvent, hélas! ses désastres.
Que de fois, en effet, n'avez-vous pas dû assister impuissants aux tristes ravages d'une seule
année malheureuse, et contempler d'un œil
consterné ces belles colonies autrefois si vi-
vantes, si prospères, si animées, qui égayaient
tout le voisinage du bruit de leur activité ; et
maintenant froides, silencieuses, dévastées
comme une rangée de sépulcres !

Encore si le mal s'en était tenu là ! Mais ne
fallait-il pas chaque année pleurer en hiver
les essaims si joyeusement recueillis en été,
voir sans cesse ses espérances trompées, ses
plus beaux rêves évanouis, et ne toucher un
moment à la prospérité, que pour en être plus
cruellement débouté ? Voilà ce qui découra-
geait les plus intrépides, et retenait l'apiculture dans une perpétuelle enfance, asservie
qu'elle était à tout ce qu'il y a de plus capricieux et de plus mobile dans la nature, je veux
dire le temps et les saisons.

Avec la *Cave*, au contraire, tout me paraît bien changé. Car plus de ruche assez
appauvrie pour ne pouvoir être restaurée,
plus d'essaim assez tardif pour n'être pas
approvisionné. Sans doute les mauvaises

saisons ne seront pas supprimées , mais au moins nous pourrons lutter ; et conservant toutes nos colonies pour ces belles années [1] où , par de splendides soleils , tout est fleurs sur les arbres et dans les prés , l'apiculture prospérera.

L'apiculture ! dira peut-être avec dédain quelque économiste attardé , grand contempteur des choses du passé , mais n'avons-nous pas pour la remplacer, l'industrie du sucre de betteraves ? Sans doute , mais pas pour tout le monde , ni à si bon marché. Et si l'apiculture veut renouveler ses vieux services ; si , trop dédaigneuse et trop fière pour venger les torts que lui a faits une injuste rivale , elle aspire pourtant à reprendre sa place dans le monde, et à compter encore parmi les arts utiles , qui pourra l'en empêcher, surtout dans un pays dont elle fut si longtemps la richesse et la gloire , et où personne ne peut encore, malgré qu'il en ait, lever les yeux sur le souverain [2] , sans se rappeler que telle fut la pre-

[1] Celle-ci , par exemple.

[2] La *fleur de lys* elle-même était-elle autre chose , dans l'origine , qu'une abeille mal faite , que le génie batailleur de la nation a fait prendre quelquefois pour un fer de lance ?

mière industrie de la nation , et l'abeille ses premières armes ₁ ?

Manque-t-il, du reste, de services à rendre, même à côté de son orgueilleuse rivale ? Sans parler de la cire dont les usages sont si multipliés , parfois si augustes et si relevés, n'y a-t-il pas le miel ? Le miel, ce manger délicieux, rival de l'ambroisie , dont l'apiculture, si elle était florissante, ferait couler des torrents.

Car la terre entière n'est qu'un immense *nectaire*, qui suinte continuellement par la tige des arbres, par les feuilles, surtout par des milliards de fleurs, une si prodigieuse quantité de nectar , que si toutes les gouttes en étaient réunies et versées dans un seul courant, il y aurait de quoi inonder une partie de l'Europe. La France, à elle seule, en produit assez pour alimenter six mois durant, un fleuve aussi gros que le Rhône. Malheureusement, toute cette énorme quantité de nectar , ou se perd , ou devient la proie d'une effroyable multitude de mouches, moucherons, fourmis.

₁ L'abeille était , on le sait , le symbole de la tribu des Francs : sans doute parce qu'en la cultivant , ils cherchaient à l'imiter. Ce que nous appelons *invasion des Barbares*, n'était au fond que l'essaimage d'un peuple vigoureux. Toute nation qui n'essaime plus , et qui bien loin d'envoyer des colonies , n'a pas même assez de population pour occuper tout son territoire , n'est plus qu'une vieille ruche, bien menacée de la *fausse-teigne*.

cousins... insectes de toute dénomination et de toute nature [1], la plupart nuisibles ou importuns, qui vivent de notre suc, quand ils ne peuvent pas vivre d'autre chose, et que notre incroyable inertie laisse impunément se multiplier tandis qu'il nous serait si facile, si nous voulions, d'en diminuer le nombre et de nous approprier leurs dégâts !

Que faudrait-il? Une seule chose : soutenir les abeilles par la *Cave*, et les préserver des ravages périodiques de la famine, qui, ne tombant plus que sur les races rivales, en aurait bientôt réduit le nombre, et préparé pour les abeilles une supériorité irrésistible. N'est-il pas évident en effet que toute race qui est assistée, et trouve dans sa prévoyance ou celle d'autrui un préservatif contre de pareilles crises, doit nécessairement l'emporter à la longue, et défier toute concurrence ?

Voyez l'Algérie. Combien faudrait-il d'années comme celle-ci, sinon pour anéantir la race indigène, du moins pour transférer ailleurs

1 Nul ne peut en apprécier le nombre et les dégâts. Il y en a plein l'atmosphère, à toutes les hauteurs, sans compter ceux qui vivent à terre. Les hirondelles et les martinets ont beau, pendant le jour, les chauves-souris pendant la nuit, se livrer contre eux à des poursuites effrénées, ils ne peuvent en diminuer le nombre, ni tenir la police de l'air faite. Je connais à moi seul dans ce pays plus de trente espèces d'abeilles sauvages. Qu'est-ce en comparaison de celles qui sont à

la prépondérance numérique qui est maintenant toute de son côté? Hélas! pas beaucoup. Pourquoi? Parce que, tandis que les Arabes ne savent pas, ou ne peuvent pas, ce qui est plus accusateur, suppléer aux années de disette par les années d'abondance ; les colons européens, au contraire, ont dans leur prévoyance une espèce de *Care* qui les empêche de succomber, et leur fait traverser, sinon sans souffrir, du moins sans mourir les effroyables crises qui emportent les autres. De même, toutes proportions gardées, dans le sujet qui nous occupe. Tandis que les concurrents des abeilles, abandonnés à eux-mêmes, continueront à périr par milliers dans les mauvaises années ; elles au contraire, soutenues par notre industrie, survivront pour prendre leur place et acquérir une multiplication illimitée. Quelle surabondance alors partout de cire et de miel! Quel joyeux bourdonnement dans les airs! et, s'il faut tout dire, quel soulagement pour les délicats, qui, débarrassés des importunités de tant de milliers d'insectes, pourront prolonger indéfiniment leurs doux sommeils à l'ombre, pendant l'été, au seul bruit des innocentes et inoffensives abeill e s!

connaître? Et les abeilles sauvages, que sont-elles en comparaison de cette infinie multitude d'insectes que la nature nourrit de miel?

Mais qu'est-ce que toutes ces considérations vulgaires, en comparaison des immenses avantages qu'on peut retirer de l'apiculture? Est-il un art plus charmant, une récréation plus honnête, et qui récompense par de plus utiles leçons les doux moments qu'on lui consacre? Quelle vertu ne peut-on pas apprendre près des abeilles, pourvu seulement qu'on se tourne en exemples les charmants spectables que l'on voit? Travail, économie, oubli de soi, dévoûment aux autres et à la patrie, paix, union, concorde, fraternité, sous un gouvernement doux, respecté, paternel, qui veille au bien commun sans s'épargner lui-même, mais ne sont-ce pas là des vertus idéales, dont elles offrent le parfait modèle?

L'apiculteur n'est-il pas, de plus, un homme essentiellement religieux, préservé par sa profession même des monstrueuses et absurdes erreurs qui infectent aujourd'hui l'atmosphère, et compromettent jusqu'à la raison publique? Est-ce à lui, par exemple, qu'un imbécile sophiste viendra persuader qu'il n' y a pas de Dieu, que la matière fait tout, crée par conséquent ces milliers d'abeilles et de fleurs qu'il voit travailler sous ses yeux? De quel mépris ne chargerait-il pas ses regards indignés pour le recevoir? Rien qu'à entendre dire qu'il y a par le monde de ces effrontés, qui, sans conviction, par pure forfanterie, uniquement pour faire la roue devant leur public, suppriment Dieu, l'âme, tout ce qu'il y a de sacré, ne sent-il pas s'agiter en lui une indignation dont il ne pourra se soulager qu'en les en accablant? Non, ce n'est pas parmi les apiculteurs que se recruteront jamais les athées, si tant est que cette peste vomie par l'enfer doive tarder à être résorbée.

Du reste,

« Qui fait aimer les champs fait aimer la vertu. »

Et quel plus puissant attrait pour river au cœur cette douce et saine affection, que la possession d'un rucher? Est-il un seul apiculteur, vraiment digne de ce nom, qui ne préfère mille fois le moindre petit sentier perdu, à la lisière d'un bois, bordé de fleurs, tapissé de mousse, et crotté par les chèvres, à toutes les magnificences de n'importe quelle rue de Rivoli? N'est-il pas malheureux dans les villes? Et si parfois il s'y est laissé égarer, quelle joie quand, échappé du bruit et de ces lourdes senteurs, il se retrouve au milieu de la paix des champs, à l'air pur et frais, près du rucher où ses abeilles lui apportent de tous les points de l'horizon le doux parfum des fleurs !

Faites-en l'expérience, riches désœuvrés , qui n'êtes bien nulle part et promenez partout le poids de votre inutilité et de votre ennui. Voilà les vrais prédestinés de l'apiculture. N'ont-ils pas tout ce qu'il faut pour réussir : du temps, des loisirs, des ressources, de vastes propriétés qu'ils peuvent faire planter à leur guise ? il ne leur manque que deux choses, mais l'apiculture les leur donnera : des passions innocentes et une occupation utile. Ce n'est pas moi, du reste, qui leur fais cette vocation, c'est Dieu même qui les envoie aux abeilles : *Vade ad apem* [1] *, o piger, et considera vias ejus et disce sapientiam* (Prov., VI, 6). Allez aux abeilles, désœuvrés, et apprenez d'elles la sagesse en la voyant pratiquer. Apprenez surtout la prévoyance de l'avenir, et le soin de votre salut.

Je ne puis, à ce propos, résister au plaisir de citer une belle allégorie d'un prédicateur italien prêchant à des riches comme vous. « Voyez-vous, leur disait-il, le beau temps

---

[1] C'est ainsi du moins que traduisent certains exemplaires grecs cités par saint Jérôme. La Vulgate porte *ad formicam* , mais c'est tout un. Il y a plaisir à voir l'Écriture-Sainte donner lieu à des ambiguïtés aussi philosophiques.

« que se donnent les oiseaux du ciel? Pourvus
« par la nature d'une bonne paire d'ailes, il
« n'est pas de jardin fermé où ils ne pénètrent,
« pas de haies infranchissables qu'ils ne fran-
« chissent aisément : ils ont véritablement tout
« le beau et tout le bon de ce monde. Le pre-
« mier fruit qui mûrit, les premiers raisins
« qui se colorent, les premiers épis qui jau-
« nissent, tout est pour eux : ils en jouissent
« à la barbe même du maître qui n'y peut rien.
« Fait-il trop chaud dans les plaines, ils volent
« aux montagnes, dans l'épaisseur des bois les
« plus profonds, où ils passent leur temps à
« chanter, jaser, sauter de branche en bran-
« che, gais, vifs, alertes, bien nourris, bien
« vêtus, par-dessus tous les enfants gâtés de
« la nature.

« Voyez au contraire les pauvres abeilles,
« volatiles imparfaits, qui ressemblent à des
« campagnardes parmi les autres animaux.
« Elles n'habitent que de misérables huttes
« faites de chaume ou de bois, d'où elles ne
« sortent que pour travailler, se charger dans
« les champs du suc des fleurs, le rapporter,
« repartir encore, sans repos, sans trêve,
« occupées le jour à recueillir leur miel, la
« nuit à le pétrir et à fabriquer leurs gâteaux.

« Mais voyez où vont aboutir ce travail des
« unes et le beau temps des autres. L'hiver
« arrive, et tout se couvre de neige et de glace.
« Les pauvres oiseaux mourant de faim , ne
« sachant que devenir, vont de grange en gran-
« ge attraper comme ils peuvent un misérable
« grain de blé, avec grand danger d'y laisser la
« vie. Aussi les entend-on piauler autour des
« greniers fermés ; et non seulement ils piau-
« lent, mais ils jeûnent et meurent quelquefois
« de faim et de froid, pour être sans nourriture
« et sans abri. Tandis que les abeilles bien
« abritées dans leurs chaudes demeures, ont
« leur miel pour manger, leurs cellules pour
« habiter ; et après avoir bien travaillé pen-
« dant l'été , elles se reposent tout l'hiver au
« sein de l'abondance.

« *Uccelli di bel tempo*, continue notre ora-
« teur, qui ne mettez pas même le moindre
« grain de côté pour l'avenir, qui mangez
« tout en herbe, que deviendrez-vous à l'heure
« de la mort ? Je vous attends à ce dur hiver ,
« après avoir joué, sauté, dansé, paradé toute
« la vie. *Vade ad apem , o piger... et disce*
« *sapientiam, etc* [1] . »

1 *Opere del Padre A. Cattaneo , S. J. t. II , disc. 7*.

Voilà les utiles réflexions qu'on peut faire auprès des abeilles. Mais n'y eût-il, comme j'ai dit, que la nécessité de fuir l'oisiveté, et ce triste conseiller, pire encore, l'ennui, quel remède que l'apiculture ! quel remède pour tant de gens qui vivent sans autre profession que d'être riches et de mourir d'ennui ! « Je « ne marierai jamais ma fille à un homme « inoccupé, disait naguère une femme de sens « et d'expérience, je sais trop ce qu'il en coûte « pour désennuyer toute la vie un mari qui « n'a rien à faire. » Franchement, apiculteurs, est-ce là votre défaut ? Avez-vous besoin qu'on vous amuse ? Ne savez-vous pas vous amuser tout seuls ? Est-ce vous, qu'on voit encombrer des journées entières de votre inévitable présence le royaume domestique ? N'a-t-on pas plus de peine à vous y rappeler qu'à vous en exclure ? Voulez-vous donc, ô mères, de bons partis pour vos filles, donnez-les à des apiculteurs, mais à une condition toutefois : c'est que vos belles ingénues n'auront jamais été primées dans aucun «comice agricole» ni même fréquenté les cours qui y mènent. Car en songeant à un placement avantageux pour elles, je ne puis pas cependant oublier les intérêts de mes chers apiculteurs, présents et futurs.